老いを愛づる

生命誌からのメッセージ

中村桂子

JT生命誌研究館名誉館長

中公新書ラクレ

はじめに

いつの間にか年を重ねて、本年八十六歳。正真正銘の老人です。「老い」という言葉にはどこかマイナスのイメージがあり、よい意味に受け止められてはいません。なぜマイナスかと言えば、一つは、人間には寿命があり、老いるということは死に近づいていることが明らかだからでしょう。そしてもう一つは、能力が落ちていき、これまでできていたことができなくなることが少なくないからでしょう。もちろん、私にもその意識はあります。でも根がのんびりしていることと、いつも今が好きで今を生きることにいっしょうけんめいで暮らしてきたからでしょうか。年をとっても同じ気持ちで今に向き合いながら、日々を送っています。

暮らしの中で、ある時「あれっ」と思って年齢を感じたこととしてはっきり思い出すのは、白い髪の毛を見つけたことです。五十代の初めだったでしょうか。耳の脇の短い毛の先が白く見えました。まさに「あれっ」と思いましたが、まあ、あまり気にせずにいました。そんなある日、お風呂で洗髪後の始末をしていたら、流れた髪の中に白いものがかなり混じっているのに気づき、そろそろ何とかしなければならないなあと思ったのでした。

「染めると髪が傷むので、マニキュアにしましょう」。美容師さんに勧められてしばらく続けていましたが、だんだん白髪が増え、美容院に行ってから数週間すると、黒と白とが混じり始めて気になるのです。なんだか汚らしい。その頃には七十代になっていましたから、そろそろグレーヘアでもいいかなと思い始めたのですが、美容師さんが許してくれません。「ダメですよ。そんなことしたら、急に老けますよ」。

それもそうかなとおっしゃる通りにしていたのですが、ある時、美容院に置いてある雑誌を見ていたら、きれいな白髪の草笛光子さんがにこやかにこちらを見ていらっしゃるではありませんか。なんともすてきです。何しろ草笛さんですから。思わず言ってしまいました。「草笛さんみたいになりたい」。これには美容師さんもノーとは言えなかったのでしょう。「じゃあ、やってみますか」。

一年ほどかかりましたが、マニキュアのかかっていた髪はなくなり、全体がグレーになりました。もちろん草笛さんみたいになるのはそもそも無理ですけれど、髪を気にしなくてもよくなったのはとてもありがたく、気分が明るくなりました。しかも美容院にいる時間もかかるお金もずいぶん減って、これもありがたいことです。

先日、電車で立ったまま本をバッグから出して読もうとしましたら、前の席に座っていた青年がスッと立ち上がりました。どうぞと言われ、大丈夫ですよと遠慮したのですが、「座って読まれた方が楽ですよ」とニコニコされたので、思わず座ってしまいました。申し訳なく思いながら、とてもよい気持ちにもなっていました。大学生でしょうか。このような若者がこれからすてきな社会をつくってくれるのだろうなという期待も生まれました。私の方が先に降りましたので彼に席をお返しして、浮き浮きしながら家路についたのでした。実はグレーヘアにしてから、このような体験が増えました。

そこで、老いをマイナスとしてばかり捉えるのでなく、なかなか面白いところもあると思っている気持ちを語ってみたくなりました。それだけでなく、私の場合、生きているってどういうことだろうという問いに正面から向き合い、しかもそれを小さな生きものたちが生きている姿に学ぶという生命誌の研究を続けてきましたので、そこから生まれる思いを語りたい気持ちもあります。

それは、人間を生きものとして見るということです。他の生きものを見るのと同じように。そうすると、生まれる、育つ、成熟する、老いる、死ぬという自分の一生をちょっと離れたところから見ることができるようになるのです。私はたまたまこのような分野の勉強をしたのですが、年を重ねるにつれて、生きものとしての自分を外から見る気持ちになれるのは面白いなと思うようになりました。

そこで、ちょっとおせっかいかなとは思いながらも、こんな見方をすると生きやすくなるような気がしますとお話ししたくなりました。心が広がることは確かですので、耳をお貸し下さい。

とはいえ、私の生き方にそれほど自信があるわけではありませんので、私がいいなと思う生き方をしている人がチラッともらした言葉をお借りすることにしました。いいなと思う人は、さまざまです。なぜか、『男はつらいよ』のフーテンの寅さんや、『北の国から』の黒板五郎さんのような生き方に憧れます。アフガニスタンで医療や給水事業をなさった中村哲医師のようなすばらしい生き方には、もちろん教えられます。先を歩いていらっしゃる女性ですてきだなと憧れる方として、染織の「人間国宝」である志村ふくみさん、水俣病を見つめてみごとな言葉で語る石牟礼道子さんなどたくさんの方が頭に浮かびます。

思いついた言葉を並べましたのでまとまりはありませんが、底には、「老いる」ということを生きることの一場面として捉え、年齢を重ねたがゆえに得られたことを大事にしたいという気持ちが流れています。小さなことを大切にていねいに生きていけば、どんな年齢にもその年齢なりのよさ、楽しさがあるのではないでしょうか。

この気持ちを「愛づる」という言葉に託すことにしました。「蟲愛づる姫君」というお話があります。今から一〇〇〇年も前の平安時代、京都に住むお姫様ですが、ちょっと周囲の人とは違うことをおっしゃるのです。「世間ではよく蝶をきれいというけれど、あれははかないものでしょう。もっと本質を見なければ」。実はお姫様のお気に入りは毛虫で「考え深そうな感じでいい」と言いながら観察なさいます。すると毛虫が美しい蝶になることがわかり、この小さな虫にこそ生きる本質があるということになり、愛づる気持ちが生まれました。私はこのお姫様が大好きです。

見かけはきれいとは言えない毛虫をよく見つめたら、いっしょうけんめい生きている姿がすばらしいことに気づいた「蟲愛づる姫君」のお話に倣って「老い」も見かけは決して美しくないかもしれないけれど、長い間いっしょうけんめい生きてきてこうなったのですから、よく見るとすてきなものなのではないかしらと思うのです。

中村桂子

目次

2章　孫を愛づる　55

3章　老い方上手な人たち

4章　大地に足を着けて生きよう

本文ＤＴＰ／市川真樹子

老いを愛づる

生命誌からのメッセージ

1章

老いを愛づるヒント

あの人たちの、あの言葉から

「そんな時代もあったねと
いつか話せる日が来るわ」
――中島みゆきさん、好きです

折り返し点は五十五歳

クラス会に出席していらっしゃいますか。六十歳になった頃だったでしょうか。同級生がそろそろ一仕事終えて、いわゆる第二の人生に入る時期になり、誰からともなく、クラス会を開こうという声が出てきました。それまでは職場での責任が少しずつ重くなって忙しかったり、子どもの学校のことや結婚のことなど日常がめまぐるしく動いていたりして、昔の仲間たちのことまで考える暇はないというのが本音でした。ほとんどの人がそんな状態だったのでしょう。時々学校全体での同窓会のお知らせがあっても、誰もあまり熱心とは言えませんでした。私も仲良しだったお友達からの電話で〝行く？〟と聞かれて〝ちょっとその日は用事が入ってるの〟と答えることが度々でした。それがなぜかある時からクラス会が増え、私も出席するようになったのです。

実は小学校は太平洋戦争中で、短い間だけ疎開したり（空襲を逃れて、私の場合、東京から山梨県や愛知県に引っ越しました。それが疎開です）していましたので、残念ながらクラス会がありません。でも、中学・高校・大学と三つ、それぞれお友達との関係が少しずつ違うところを楽しんでいます。

科学を勉強したということは、どこか理屈っぽいところがあるということでしょうか。小さな日常のことでも、すぐになぜだろうと考え、自分なりの答えを探すのが好きです。ここでもちょっと考えました。

まず、人生を何年と考えるかです。人間の寿命は一二〇年ほどとされていますが、そこまで生きるのはなかなか難しいです。そこで平均寿命を見ると、日本のそれは最近ぐんぐん伸びており、二〇二〇年は女性が世界一位の八七・七四歳、男性も二位で八一・六四歳という数字が出ています。同じく二〇二〇年には一〇〇歳以上が初めて八万人を超えた（なんとその九割近くが女性です！）とも報道されました。この数字を見ると、人生一〇〇年はちょっと欲張りすぎですので、九〇年と考えましょう。大人になるのは二十歳ですから、大人として生きる時間は七〇年ですね（二〇二〇年四月から法律上の成年は十八歳になりましたが、ここはあまり面倒なことは考えず、ほぼ二〇年とします）。七〇を二で割ると三五、二〇＋三五＝五五です。つまり五十五歳になった時に大人として生きる時間のちょうど半分を生きてきたことになるわけです。人生をマラソンに例えるなら、五十五歳はちょうど折り返し点。そこまでは前を先行する人の背中を見て走りました。私は本当によい先生や先輩に恵まれていたので、安心して前の人の後を追い続けてきました。マラソンと言っても人生のマラソンは競走ではありませんから、追い抜くこともなしにのんびりと。本当は先生や先輩を追い抜かなければいけなかったのかもしれませんが、そんなことはまったく考えずにのんびりと楽しく走って来たのが、私には一番向いた人生だったのだと思います。

ところで、折り返し点を過ぎたら、後から走ってくる人たちが見えるようになりました。大勢の若い人がこちらを向いて走ってきます。私にも後から来る人がいるんだと気づき、若い人たちや子どもたちに伝えていくもの、残していくものがあるだろうかと考え始めました。自分の子どもを育てている時の気持ちとは違って、もっと広く次の世代のことを考えるようになったのです。そうなったら、自分が育った時代が気になり、そこで一緒に遊び、学んだ仲間とどんなことを考えていたのだったかしら、どんな話をしていたかなあとあれこれ思い出します。そして今みんなはどんな風に生きて、何をしているのかということが知りたくなりました。そんな時にちょうどクラス会をやろうよという声がかかり始めたのですから、人生ってなかなかうまくできているなあと思います。

敗戦、経済成長、そして今

どんな時にどんな所で生まれるかは、自分では選べません。私はこんな時代に生きたんだというしかありません。ただ、歴史や社会を勉強していくうちに、私はよい時によい場所で生まれたと言っていいのではないかな、運がよかったなと思うようになりました。

もし日本で生まれたとしても他の時代だったらどうでしょう。縄文時代に生まれたらどうだったでしょう。最近の研究によって縄文時代、つまり狩猟採集時代は今想像するよりよい時代だったということがわかってき始めました。現在、アフリカで狩猟採集をして暮らしている人々の調査からもなんだか羨ましい生活が見えてきています。衣食住の基本が得られればよく、それはどれも周囲の自然から手に入れているので、そのために必要な労働時間は週に一五時間ほどで後は自由だというのですから。必要なときに必要なものが必要な量だけあることに誰もが満足し、争いごとはせず、皆が対等で周囲の人との関係を大切にしていることもわかってきました。

縄文土器など、とても芸術的なものもたくさんありますから、身近な道具や身につけるものをていねいに作ることを楽しんでいたのだろうなと想像できます。私はこういう生活が大好きなので、縄文時代の方がよかったかなあと思いもするのですが、実は私は小学校の頃からひどい近視でした。眼鏡なしでは暮らせません。縄文時代には眼鏡はなかったでしょうから、生きることが難しかったに違いありません。眼鏡があり、そのうえコンタクトレンズまで開発されて便利になった今は、やっぱりありがたいなと思います。平安時代のお姫様だったらよいかもしれないと思いつくやすぐに、それも窮屈かしらと思い返します。こうして、さまざまな時代を考えたり、世界各地をイメージしたりしたうえで、今の日本に生まれてよかったと思っています。

私が生きた時代の中で、誰もが影響を受けた大きな出来事と言えば、まず太平洋戦争の敗戦です。小学校四年生の時でした。少し年上の人たちは、男性の場合戦地で戦ったわけですし、女性も銃後を守れと言われ、自分を犠牲にして暮らしていました。母は、愚痴を言わない前向きの人でしたが、「もしもう一度戦争が起きたら、もう嫌、死んだ方がましよ」と言うのを聞いてどきりとしたことを思い出します。子どもには辛いところをなるべく見せないようにしてくれていましたが、簞笥の中の着物が次々お米に換わっていったのは覚えています。

中学生の頃までは、社会全体が貧しい時代でした。食べ物も、グルメなどという言葉はなく、いわゆる普通の家庭料理を楽しめることが幸せだったのです。ぜいたくなものであったはずはありませんが、母のつくってくれるカレーライスやコロッケの味は、今もとても美味しかった記憶として残っています。子どもの頃、今日はコロッケという日はお肉屋さんへ行くのが私の役目でした。当時は目の前でミンチをつくってくれます。

お肉屋のおじさんも今日の我が家の献立をお見通しで、ニコニコしながら竹の皮に包んだ挽肉を渡してくれます。東京の街も和やかな人間味のある場でした。しかも、これからは平和で、皆で豊かなよい社会をつくっていけるのだという明るい気持ちでしたから、やはりよい時代だったと思うのです。

高校、大学と進むにつれて少しずつ豊かになり、これはすばらしいと喜んでいましたが、その後、物が豊富になれば皆が幸せな社会になるというわけではないことがわかり悩むことになりました。細かいことはとばしますが、なんでも競争になって、勝つことだけが高く評価され、しかもそこで幅を利かせるのがお金という社会になってきたのですから、私にはまったく合わない時代への変化です。そろそろ次の世代に社会を渡そうとする頃になって、こんな社会をつくりたくて生きてきたんじゃないのにという状態になってしまい、今とても悩んでいます。

同じ時代を生きた仲間と共に

そんな悩みをわかってくれるのは、やはり同じ時代を生きてきた仲間です。ですから最近はクラス会に出席して、さまざまな生き方をしている昔の仲間と若い頃抱いていた夢の話をしたり、今思うことを語り合ったりして、若い人たちに自信を持って渡せる社会にするために自分のできることを探していこうとしています。

中島みゆきさんが好きなので、『時代』はよく歌います。ピアノの先生にお願いして弾き語りも楽しみました。

今はこんなに悲しくて涙も枯れ果てて
もう二度と笑顔にはなれそうもないけど
そんな時代もあったねと
いつか話せる日が来るわ
あんな時代もあったねと
きっと笑って話せるわ
だから今日はくよくよしないで
今日の風に吹かれましょう

まわるまわるよ　時代は回る
喜び悲しみくり返し
今日は別れた恋人たちも
生まれ変わってめぐり逢うよ

（作詞・作曲　中島みゆき）

どんな「時代」に生きても「そんな時代もあった」と思える、大変な時は誰にもありますよね。「だから今日はくよくよしないで　今日の風に吹かれましょう」というのは、私だけの小さな悩みで困っている時にも、今の社会はダメだなどと大きなことを考えている時にも共通する大事な気持ちです。くよくよしても仕方がない。私の中になんとかよいところを探してごらんと言われれば、いつまでもくよくよせずに忘れるのが上手なところかなと思います。

そんな気持ちで、同じ時代を生きた仲間と共通の価値観の中で大事なことを見つけ、次の世代のために何かをするのが、年齢を重ねた者の役割ではないでしょうか。

生きていく中で、年をとるということほどはっきり決まっているものはありません。

一年経ったら必ず年齢は一つ増えています。どんなにお金を積んでもこればっかりは止められません。私は生きものの研究をしているものですから、生きものはいつだって先がどうなるかがわからないものだと思わされることが多く、事実毎日の暮らしでもそう感じることが少なくありません。

その中で、年齢だけははっきりしているわけですが、困ったことに、これが実生活の中ではあまり嬉しくないものになっています。赤ちゃんのように成長している時は先が楽しみですけれど、ある時を過ぎてからは、昨日までできていたことができなくなるなどということが起きて、老化に向き合わなければならないからです。そこで、なんとかこれに抗おうとして、いわゆるアンチエイジングの努力をすることになる。これがよく見られる流れです。でも考えてみると、五十歳代、六十歳代、七十歳代……とそれぞれの年齢の自分は一度しか味わえないのですから、その時を楽しむ方が人生を充分味わったことになるのではないかしら。そんな風に考えています。

〝これでいいのだ〟でいく

――バカボンのパパを見習って

引き算が足し算に

ある年齢を過ぎると、周囲で起きることが引き算になっていきます。まず両親に始まって、頼りにしていた先生や先輩が次々亡くなっていきます。私はどうにも頼りない人間なので、年上の人たちに教えていただくことばかりで暮らしてきました。頼りないのも悪くないと思うのは、そういう人を見ると誰もがちょっと手伝ってやろうという気になるのでしょう。子どもの頃から今に至るまでずっと、よい先生、親切な先輩の中で過ごしてきました。そういう方たちが亡くなってしまうのはなんとも悲しいですし残念ですが、そこで出来上がった人間関係の実感はそんなに簡単に消えるものではありません。

先生たちは皆さん、自分が好きなこと、大事と思うことを持っていらして、それを楽しそうに話し、やって見せて下さいました。中学一年生の時の担任は、島崎藤村に命をかけた先生で、意味がよくわからないまま皆で「初恋」を暗唱したものです。今も、「まだあげ初めし前髪の……」と始まる詩を宙で言えます。流行だからとか、高く評価されそうだからとかいうのではなく、自分が大事と思うことを大切にするという考え方が骨の髄まで染み込んでいるのは、先生方の影響です。最近、いろいろ教えていただいたことを子どもや孫の世代の人たちに伝えていくのが、私の役目かなと思い始めました。これがつながる、つなげるという生きものの基本かなと。

　引き算によって残ってしまった、一人になったと思うのでなく、これまでの人たちが積み上げて下さったよいところを次につなげる係になったのだと思うと、新しい足し算の気持ちが生まれてきます。

　これまで大事にしてきたのは、どんなに辛いと思う時にも、小さなことでいいから何かよいところを見つけることです。それは得意かなと思っていますし、そう思うと、自分自身も〝これでいいのだ〟と少し自信が出てくるので、楽です。

九七％での達成感

生きものの研究という仕事柄、自然から離れた暮らし方は苦手で、東京という高層ビルの建ち並ぶ街の中でも緑が多い場所で暮らしています。ただ、自然とは面倒なもので、いつも変化していますし、手入れが必要です。ちょっとお洒落に園芸というとカッコよいですが、庭での作業のほとんどは草取りと落ち葉掃きです。イメージでは落ち葉は秋のものですよね。越路吹雪（こしじふぶき）さんが歌うシャンソンの『枯葉』をよく聞きましたけれど、木枯らしが吹いていました。でも実際は、葉っぱって一年中落ちてくるもので、真夏の暑さの中でも落ち葉掃きは「必要不可欠作業」です。

ありがたいことに、私はこの作業が嫌いではありません。お天気のよい休日は、作業用のオーバーオールを着て長靴をはき、軍手をはめていざ出陣です。草取りも落ち葉掃きも、何も考えずに端からきれいにしていけばよいので、今日はここをきれいにしようと決めたら面倒なことはありません。しかも、やれば必ずきれいになるので、やったーという達成感を味わえます。仕事で達成感を得るのはなかなか難しいものですが、この仕事はすっきりできて好きです。ところで、話はここからです。

若い頃は……と言っても、しばらくマンション暮らしをしましたが、やはり地面が好きでこの家に暮らし始めたのは五十代になってからのことです。でも、六十代くらいまでは、やるからには徹底的にという気持ちがありました。草だったら一本残らず、落ち葉なら一枚も残さず取り除き、〝あー、さっぱりした〟と終わったものです。ところが、いつの頃からか「また生えてくるんだから」とか「明日になったらまた落ちてくるんだし」などと思うようになりました。そうは言っても「やった」という達成感は欲しいので、そうですね、九七%くらいは除きます。一〇〇%との差はたった三%ですが、この差が意外に大きいのです。隅の方にちょっと残っていたり、少し濡れて地面にくっついてしまって掃いてもすぐには取れない葉っぱにはこだわらず、〝これでいいのだ〟と思えるようになったことで、びっくりするほど楽になりました。

「残しちゃって気持ち悪い」とか「やっぱり体力が落ちたのかな」と思うとマイナスになりますが、天の配剤でしょうか、〝これでいいのだ〟と思えるようになりました。これって赤塚不二夫さんの『天才バカボン』のパパのセリフですよね。でも、今や私のものになりきっています。

バカボンのパパとお釈迦様

人間うまくできていると思います。年をとって体力が落ちてきたら〝これでいいのだ〟と思えるようになるという救いの道ができているのですから。ここで私にはできるはずと頑張ったり、できないと嘆いたりすると辛いので、逆らわないようにすると楽です。

真宗大谷派難波別院の掲示板には、「これでいいのだ　～赤塚不二夫～」とあるとのことです。バカボンのパパのこのセリフは、「ありのままを受け入れる」というお釈迦様の悟りの境地に重なると解説されていました。それは「過去」や「未来」から離れて「現在」を見ることであり、目の前にある幸せを感じることなのだそうです。お釈迦様と比べるのはおこがましいですし、難しいことはわかりませんが、私は「今を大切に」生きていこうとしています。

たかが草取りや落ち葉掃きですけれど、最近よく使うのが〝これでいいのだ〟であり、それがとても楽なのは事実なので、それがお釈迦様と同じだよと教えていただくのはなんともありがたく、元気になりました。

「キリがありませんから」と「生まれてきてよかったな」
――フーテンの寅さん

続きはまたでいいでしょう

ふと出会った言葉から生きるのが楽になることはよくあります。まず頭に浮かんだのが、バカボンのパパの〝これでいいのだ〟でしたのでそこから始めましたが、白状すると『天才バカボン』の愛読者とは言えません。そんな私にも影響を与えるのですからすごいですね。

『バカボン』とは違って正真正銘のファンなのは寅さんです。映画『男はつらいよ』は全巻ＤＶＤを持っており、落ち込みそうな時にはその時の気分に合いそうな巻を選んで、寅さんにお目にかかると一遍に元気になります。父親と大喧嘩の末に家を飛び出し、人呼んでフーテンの寅になるわけですから、世間的には決して褒められた存在ではありません。しかも、勝手な時に叔父さん夫婦と妹のさくらが営む団子屋にフラッと帰ってきて皆を困らせては、一人で拗ねたりするとんでもない奴です。けれども、葛飾柴又という土地柄はこんな寅さんを受け入れ、みんな心の奥で寅さんを思いやっている、こんな人間関係が安らぎを与えてくれます。ケラケラ笑いながら見ていると、悩み事がだんだんに消え、〝これでいいのだ〟と思えてきます。

しかもこのふらふらした寅さんの言葉に、なかなかいいものがあるのです。私が最近愛用している寅さんの言葉は「キリがありませんから」です。草取りや落ち葉掃きはもちろん、日常の家事はどれもいつ終わるともなく続くものばかりです。何もかもきちんとやろうと思ったら疲れますし、終わらないのは自分の不手際のように思えて落ち込みます。年齢を重ねれば、そのようなことが増えていきます。そこで、そろそろ疲れてきたなあと思う時、「キリがありませんから」と言って切り上げることにしました。最近では、仕事切り上げの時の常套句（じょうとうく）になっています。キリがないのだから終わらないのは仕方がない、続きはまたでいいでしょうという気持ちで終わると、罪悪感がありません。できないのは私のせいじゃありませんと。寅さんに「ほんとにキリがありませんね」と語りかければ、ニコニコしながら「そうだよ、そうだよ」と言ってくれるに違いないと思いながら。

寅さんの名言の数々

実は寅さんには、心に刺さる名言がたくさんあります。数え上げれば、それこそキリがありませんが、やはり一番は次にあげる甥の満男の質問への答えでしょう。「人間は何のために生きてんのかな……」と若い満男が聞きます。これを本格的に考えるのは哲学者のお仕事ですけれど、誰もが時々考えることも確かです。ちょっと哲学者を気取って考えてみるくらいならよいのですが、生きるのが辛くなってそんなことばかり考えるようになったら大ごとです。とくに若い人が考え込んだ結果、自分は生きている価値がないのではないかと思ったら大変です。これこそ周りにいる年配者の出番ですけれど、長く生きてきたからといって答えがわかるものでもありません。ここで寅さん頼みです。難しいことを聞くなよと断った後で、「ああ生まれてきてよかったなって思うことが何べんかあるんじゃない、ね。そのために人間生きてんのじゃねぇのか。お前にもそういう時が来るよ、うん。まあ、がんばれ」

そうなんです。何べんかでよいのです。この年になっても、あーあと溜息をつくことばかりの日々ですけれど、人間として生きることができるのはやっぱりすばらしいことです。嬉しかったこともあれこれ思い出します。こう書いて、具体的なことを思い浮かべてみましたら、人生の節目のような事柄は出て来ず、自分でもおかしくなるようなことが次々現れてきました。寅さんに合わせて思い切り日常の例をあげますね。「和菓子には季節に合わせて美しくつくった上等なものがあるけれど、一番好きなのはなあにと聞かれたら答えは豆大福なの」。そんなことを言ったことすら忘れていましたのに、次に来る時のお土産に豆大福を持ってきてくれた友達がいます。この時確かに、生きててよかったと思いました。生きるって小さなことの積み重ねだとつくづく思います。

寅さんと満男のやりとりを見ていると、満男あっての寅さんじゃないかと思えます。若い人が自分の昔を思い出させるように、恋に悩み、将来に不安を感じている姿を見せるので、愛しくて助けたくなる。この関係が、寅さんの魅力をつくっているように思います。年をとってからのよい生き方は若い人に優しい目を向けることだと、寅さんは教えてくれます。「困ったことがあったらな、風に向かって俺の名前を呼べ。おじさん、どっからでも飛んできてやるから」。正直、笑ってしまいます。フーテンの寅で、あまり頼りになるおじさんでないことは誰にもわかっていますし、本人だって知っているのですが、この言葉、何べん聞いてもいいなと思います。若い人のそばにはいつもこんな大人がいる社会でありたいですね。

いのちを続けてくれる若者たちへ

私は生きものの研究をしていますので、生きものは長い間続いてきたものであり、これからも続いていくことが大事だということを知っています。そして人間も生きものですから、続いていくことが大事だと思っています。でも自分がずーっと生き続けることはあり得ません。年をとるということは、次の世代に譲っていくということであり、それが生きものらしさなのです。譲るお相手は誰でもよい。もちろん自分の子どもたちが一番身近でよいのでしょうが、それにこだわることはありません。子どもには私の遺伝子がつながっているからとお思いかもしれません。確かにその通りですが、実はほとんどの遺伝子はみんなで共有しているのです。もちろん人間みんなでの共有ですし、生きものみんなでの共有でもあるのです。ですから、自分のことだけ考えるのでなく、次の世代の人の誰もが「生まれてきてよかった」と思えるためのお手伝いをするのが、年をとった者の役割かなと思います。人間だけでなく生きものたち全部が元気に生きる世の中になるようにするのも大事だと私は思っています。

年をとるにつれて、あたりまえのことですが自分より年上の人が減っていきます。そこで引き算の生活を嘆くのでなく、孤独も悪くない、孤独を楽しもうよと言って、それを前向きの生き方とするのも悪くありません。でも人間は生きものなのですし、生きものは続いていくことが大事なのですから、自分だけを見るのではなく若い人たちに未来を託す気持ちを持って生きることが大事なのではないでしょうか。

何も自分が立派である必要はありません。寅さんを見れば、妹のさくらをいつも悩ませる心配のタネみたいな人ではありませんか。周りの誰もが困った人だと思っているけれど、でもどこか気になって、心の底では好きになってしまう。寅さんの魅力です。そういう人が言うからこそ、満男の心に響く言葉になっているのではないでしょうか。完璧型の人がお説教をしても、こうはいかないでしょう。いのちを続けていってくれる若い人たちに優しい目を向ける気持ちさえあれば、とくに何かをしなくとも、自分が生きやすくなるような気がします。

寅さんは、実際には一人でいることがほとんどですけれど、決して一人ではなく、たくさんのつながりを持っています。私たちも、思い出も含めて心の中にあるつながりを大切にすると、自分に対しても他人に対しても優しくなれて生きやすいと思うのです。

「もしもどうしても欲しいもンがあったら、自分で工夫してつくっていくンです。つくるのがどうしても面倒くさかったら、それはたいして欲しくないってことです」

——次は五郎さんです

倉本聰さんはなぜ東京から富良野へ移ったの

一九八〇年代に始まったテレビドラマ『北の国から』の主人公、黒板五郎のセリフです。都会育ちの幼い兄妹、純と蛍を連れて北海道の原野にある廃屋に移り住み、ゼロから始めた生活では、必要なものは自分でつくるしかありません。

このドラマを書いた脚本家倉本聰さんは、御自身東京育ちでありながら一九七〇年代の半ばに富良野に移り住まれました。たまたま私と同じ職場にいらしたお兄様から昭和一〇年一月一日がお誕生日（後に本当は九年一二月三一日と伺いました）と教えていただきましたから、四十歳以前でいらしたはずです。お誕生日を覚えているのは私の誕生日が昭和一一年一月一日で、丸一年違いだからです。同じ時代を生きたお仲間です。それにしても今から四〇年以上前に東京を離れ、しかも思い切って北海道に暮らすという決断をなさったのはなぜなのでしょう。

当時は多くの人が東京に憧れ、集まってきた時代です。でも、実際に住んでいる者としては、何でこんなにせわしないのだろうというのが実感でした。街中を流れる川や東京湾は汚れていましたし、人間の暮らす場所としてよいところなのだろうかと思い始めていたことを思い出します。私も倉本さんと同じ東京生まれです。当時、急速な経済成長をする一方で、自然は壊されていきました。地方から来ているお友達が、新幹線が走るようになって便利になったけれど、故郷が急速に変わり駅前がみんな同じになってしまったと嘆くのをよく聞かされました。子どもの頃の思い出の場所が消えるのを悲しむ気持ち、よくわかります。そして心の中でつぶやいていました。あまり気づいてもらえていないけれど、実は一番変わったのは東京だと。見回すとビルばかり、しかもどんどん高くなっていきます。子どもの頃に遊んだ原っぱなんかどこにも残っていません。このあいだ育った街を歩いてみたら、ビルの一角に昔からの佃煮屋さんがあり、それだけでその辺りの昔の風景が見えてきて、なつかしくなりました。その頃近くにあったお肉屋の太ったおじさんの笑顔が思い出されたりして。変わってしまった今の東京は好きではありません。はっきり言えば嫌いです。でも、仕事場は東京にあり、動くわけにはいかなかったのです。

そんな私にとって、倉本さんの富良野への移住はなんとも強いメッセージだったことを思い出します。最近は、新型コロナウイルスの感染拡大に直面したり、エネルギーを大量に使いすぎたために地球温暖化が進み異常気象に悩まされるようになったりして、都会で高層ビルに密集して暮らすのがよい暮らし方とはいえないと思う人が少しずつ増えてきてはいるようですけれど。

都会を中心にした暮らし方の便利さをよしとする人は多く、職場も遊び場も多い都会、とくに東京へ人々が集まることが続いてきました。その生活を支えているのは大量のエネルギー消費であり、それが二酸化炭素の大量排出となって地球温暖化につながったのです。この流れは一九七〇年代には始まっていました。具体的には、工場から出る煙が原因で起きた四日市喘息、海に流した有機水銀によって引き起こされた水俣病はすでにその時顕在化していました。私たちの世代はこの変化を実感し、身に沁みて反省していますので、その気持ちを次の世代に伝えることが大事だとこの頃強く思うようになりました。自分の体験したことは誰にでもわかっていると思ってしまいますが、実はそうではないと気づいたからです。戦争体験を前の世代の方に伺ってびっくりすることがよくあります。同じように、「公害」という事件のあった時代については私たちが語らなければなりません。

都会っ子が答えた「人が生きるうえで大切なもの」

当時すでに、ただ便利さを求めるだけでよいのだろうかと考える仲間はそれなりにいました。私は自分の生きもの研究から、「人間は自然の一部です」という答えを出して、それを発信し続けてきました。倉本さんは、東京という急ぎすぎている場を離れて生き方を探すために富良野に居を移されただけでなく、若者を対象にした脚本家や俳優を養成する富良野塾を開かれました。すごい行動力です。若い人たちは、農作業で生活を支えながら勉強するという日常の中で、演劇について学んだだけでなく人間としての生き方を考えたに違いありません。その一つの現れとして、倉本さんはこんなことをおっしゃっていました。

東京の若者に「生きていくのになくてはならないものは何？」と聞くと、携帯電話という答えが返ってくる（まだスマホではありませんでした）。それに対して、富良野で暮らし始めた若者たちは、まず「水」と言い、「暮らしていくにはナイフが必要」と言うと。

生命誌に携わる私から見ても、生きものとして生きるために不可欠なものは水です。私たちはもちろん酸素がないと生きられませんし、食べものも必要ですが、バクテリアには酸素を必要としていない仲間、いやむしろ酸素は有毒であり、それのない地中に暮らしている仲間がいます。破傷風菌はそれです。子どもたちが切り傷などがある状態でどろんこ遊びをすると、土中の破傷風菌に感染する危険があるので、生後三ヶ月頃から始まる予防接種の中に破傷風ワクチンが入っています。四種混合と呼ばれ、破傷風の他、ジフテリア、百日咳、ポリオ（小児麻痺）のワクチンが入ったものが一般的です。私の姉は生後間もなく百日咳で亡くなったと聞かされています。一度も会ったことがないので実感がわきませんが、私が子どもの頃は小さな子どもが感染症で亡くなることが少なくなかったのです。ワクチンの力は大したものです。新型コロナでも頼りはワクチンです。このウイルスは次々と変異した株が出てきて、これまで聞いたこともなかったギリシャ語のアルファベットを毎日口にするという思ってもいないことになりましたが、今では変異に合わせたワクチンをつくることもできますから、ここは、今の科学の力を一〇〇パーセント生かして対応していかなければなりません。科学は私たちの日常とは遠いもののように見えますけれど、実は日常にたくさん入り込んでいます。科学者や技術者は、時に役に立とうと思う余り、やりすぎることもありますので、日常の感覚で、必要なものとやりすぎのものを区別していくのが、私たちの役割でしょう。とくに昔を知っている私たちにはその役割がありますね。

話がそれましたが、酸素はすべての生きものが必要とするものではありません。食べものも、植物は光合成によって自分でつくることができます。地球上に暮らすすべての生きものに不可欠なのは水です。都会で暮らしていると水は蛇口をひねれば出てくるもの、コンビニでペットボトルに入って売っているものであり、あってあたりまえになっています。ですからないと困るという感覚は持てないでしょう。すぐに手に入るため、水がどれだけの人やエネルギーに支えられているかに気づかずに過ごせるのが都会です。倉本さんは、このような便利な時代だからこそ人が生きるうえで大切なものは何かを基本から考える必要があり、若者たちにも一緒に考えて欲しいと思われたのです。東京にいたのではそれはわからないと痛感し、思い切って富良野暮らしを始められたのでしょう。

子ども服の思い出

最初にあげた五郎さんのセリフはこのような生き方を具体的に示しています。倉本さんと同じ子ども時代を送ってきた仲間としての私の実感です。

太平洋戦争の末期、東京はアメリカの爆撃機B29による空襲で人の住める場所ではなくなりました。愛知県に疎開しましたが、その時送れる荷物は柳行李(やなぎごうり)一個でしたから、身の周りのものだけしかありません。そんな苦労をして送った夏用の白いワンピースが、お洗濯をして干している間に盗まれてしまったのでした。しばらくして、それを着てお父さんに連れられて歩いている女の子を見かけましたが、「私のよ」とはどうしても言えませんでした。お習字の時に墨を飛ばして裾近くにつくってしまった小さな黒いしみがありましたから、私の洋服に違いないとはわかったのですが。その後、母が普段着の銘仙の着物をほどいて私と妹につくってくれた紫色のワンピースが気に入り、今度は盗まれないようにと大事にしました。ホームスパン、つまり手織りのゴツゴツした布がやっと手に入って冬服ができ……という具合に、今もその頃着ていた洋服の一つ一つを思い出せます。母の苦労がわかっていますから、数少ない洋服を大事にしました。

私が子どもを育てた時は、幸い日本もかなり豊かになり、デパートへ行けば可愛らしい子ども服が並ぶようになっていました。でも、心のどこかに母が自分の着物でつくってくれた洋服の思い出が残っていたのでしょう。自分のスカートをほどいて子どもたちの洋服をつくりました。娘には水玉や花柄の生地を選び、息子のズボンはしっかりした生地でと。本格的に洋裁を勉強したわけではありませんが、当時は家庭用雑誌に型紙がついていましたので、それを使って幼稚園までの普段着は手づくりでした。楽しかったですね。こんな形で親から子へ何かが伝わっていくのが、暮らしというものなのではないでしょうか。

今は、欲しいものが何でも手に入ります。街を歩けば魅力的な洋服がたくさん並んでいますので、「どうしても欲しい」とまで行かず、「あらいいわね」程度で手を出し、クローゼットがいっぱいになってさあどうしようとなる時代です。私は何もない時代を知っていますのでぜいたくは苦手ですが、それでもそろそろ整理をしなければいけないなあという程度の洋服は並んでいます。

戦争によってすべてを失い、子どもの洋服を手に入れるのにも苦労する時代がよいはずはありません。でも「工夫してつくろうよ、それが面倒くさかったら、それはたいして欲しくないんだよ」という言葉がよく理解できるのは悪くないと思いますね。

ちょうどよい加減の生活ができるとよいのですけれど、人間は自分をコントロールするのがあまり上手じゃないのかもしれません。自然を壊して、異常気象を起こしてまで、豊かさや便利さを求めてしまったことからもそれはわかります。でも、このままではいけません。

倉本さんは、次の世代である純と蛍が、五郎さんの思いをどう受け継いでくれるかと問いながら、ドラマを通して私たちの世代がやらなければならないことをきちんと示して下さっています。老いの役割の一つに、自分の体験を次の世代に伝え、それを前向きに生かしてもらえるようにすることがある、ということですね。

富良野に暮らすようになって生きるために一番大切なものは水とわかった若者のことを書いている時、頭をよぎったのがアフガニスタンで凶弾に倒れたお医者様の中村哲さんのことです。アフガニスタンの人々のために身を粉にして活動をしていらした方がなぜこのような形でいのちを失わなければならないのだろう。この報道に接した時は、人間って何なんだと思い、口惜しく、また悲しくなりました。人間は困った存在で、誰しも清く正しくとだけ生きていけるものではないことはわかっています。でも、これほど実直な気持ちで皆の幸せを願い行動している人が、現在を生きる人々すべてにとってどれだけ大切な存在かということは、どんな立場の人にもわかるはずです。それがわからない人を生み出す社会はどこか間違っています。みんなで直していかなければなりません。

中村哲医師への思いはいくら語っても語りきれないものがありますが、ここでの課題は水でした。中村医師は最初はアフガニスタン難民のための医療チームをつくり、山中の無医地区で診療をしようと思って現地に入ったのです。一九八四年にペシャワールへ入り、一九八九年からアフガニスタン国内へ活動を広げられました。ところが、診療を続けている中で、アフガニスタン東部での大干ばつに出会い、医療も大事だけれど、もっと根っこのところに水があるとその重要性を実感されました。生きるために不可欠なのは水であり、それが得られる状態をつくることが基本だと考えたのです。そこで、一六〇〇本もの井戸を掘り、また大がかりな（二五・五キロ）用水路づくりという医師にとっては専門外の知識や技術を必要とする難事業に挑戦なさいました。詳細は是非御著書をお読み下さい。中村先生のお人柄と実行力に、こういう生き方ができたらすばらしいなと羨ましくもなってきます（著書例『わたしは「セロ弾きのゴーシュ」』ＮＨＫ出版）。いままで土埃の中で体を洗ったこともないという人々が暮らすところに水が出るようになった時、真っ先に来たのが牛と馬と子どもだったそうです。素直な気持ちで動く牛と馬と子どもが大喜び。なんとも楽しいですね。それを見て大人たちももちろんやってきます。こうして体を水で洗うようになったら子どもたちの病気が目に見えて減ったとあり、なんてすばらしいことをなさったのだろうと改めて尊敬の念が湧いてきました。

「男も、女も、子どもも、動物も、昆虫も、鳥も、みんな喜んだと思いますね。やっぱり命というのはですね、水が元手なんだなあと、わたしはつくづく思いましたですね」

すてきですね、この言葉。長い長い御苦労の末にみんなが喜ぶ姿を見た時の喜びはどれほどのものだったでしょう。その後で「一つの奇跡を見るような思いがしました」ともおっしゃっています。中村医師の言葉は4章でまたとりあげます。すてきな言葉がたくさんありますので。このように言えるお仕事をなさった、その基本に水への思い、すなわちいのちへの思いがあったのです。私たちはあまりにも簡単に水が手に入る生活に慣れ切っていますが、時にこれほど大切なものはないのだということを思い出さなくてはいけませんね。

2章

孫を愛づる

これからの世代への不安と希望

「私は、これほど自分の子どもを
かわいがる人々を見たことがない」
――イザベラ・バード

病弱の少女が世界的な旅行記作家に

イザベラ・バードという名前をどこかで聞いたことがおありでしょうか。と言っても、活躍中の女優さんでも小説家でもありません。昔の人です。今から一四〇年も前の一八八〇年に『日本奥地紀行』という本を出版したイギリス女性なのです。子どもの頃は病弱でほとんど家から出ずに暮らしていたのですが、ある時お医者さまから「転地療養をしなさい」と勧められました。そこで、二十代半ばから旅を始めたのだそうです。本来好奇心が強かったのでしょう。旅を始めてみたら、未知の世界への関心が生まれました。

まずアメリカとカナダを旅し、四十一歳の時にはオーストラリアにも行っています。今と違って海外へ出かけるには長時間かけての船旅をしなければなりませんし、とくに女性の一人旅など珍しい時代です。訪れた先々でのその地の人々の生活に目を向け、見聞きを記した旅行記で名が知られるようになりました。そこで、ますます旅が面白くなり、辺境の地にも目が向くようになっていきます。

人間ってどこでどう変わるかわかりませんね。病弱で一日中ソファで寝たり起きたりしていた人が、ちょっとしたきっかけで、誰も行かないようなところへ行ってみようという旅人になるのですから。私にできるはずがないなどと思わずに、何でもやってみることが大切なのですね。

旅を続けていたイザベラがある時関心を持ったのが、日本でした。実は一八六二年に開かれた第二回ロンドン万国博覧会で駐日英国公使が収集した版画、漆器、刀剣など日本独自の趣を持つ美術品が展示されました。今私たちが見ても蒔絵（まきえ）の漆器などほれぼれするものがたくさんありますから、ヨーロッパの美術品とは異なる美しさが評判を呼んだのは当然でしょう。当時のヨーロッパの人にとって日本は遠い国です。地図を見ればそれがわかります。世界地図って面白いもので、それぞれの国が自分のところが中心に来るように描きます。日本の場合、太平洋を中心に置きますね。小さな島国とはいえ、私たちが見る地図では日本が真ん中にあるので世界中の国をそこから眺めます。ヨーロッパで使われている地図を見ると、中央にあるのは大西洋です。西側に北米と南米大陸があり、ユーラシア大陸は東側です。そのさらに東、つまり地図の一番右端に小さな日本列島があります。極東です。ヨーロッパ製の地図を見ていて、ちょっと印刷がずれたら日本はなくなってしまうぞと心配になったことがありました。極東という言葉、最近あまり聞きませんが、私の若い頃はＦＥＮという英語放送がありアメリカンポップスを楽しみました。Far East、つまり米軍の極東向けNetworkだったのです。

ちょっと横道にそれますが、私は地球儀を見るのが好きです。地球そのものですから、どこにも中心はありません。ちなみに地球儀を見ると日本は温帯の気候のよいところに南北に長い島としてあり、雪も降ればサンゴ礁も楽しめるよいところだなあと思います。四季もありますし。できれば地球儀がよいのですが、お持ちでなければ、手帳に載っている世界地図でもよいです。時々見ると、普段ニュースに出てくる国とは違う小さな国々がたくさんあることに気づきます。その場所を見ながらどんな国だろうと想像し、インターネットで調べると、意外な歴史がわかったりします。そこに暮らす人のことを思いながら、世界を考えてみると楽しくなります。

話を戻しましょう。東の端っこの方にある小さな国だから大したことはなかろうと思っていた日本が、どうも高い文化を持っているらしいということがロンドン万博によって認識されたのです。そんな評判で少しずつ日本を訪れる人が出てきて、富士山や日光や京都などをすばらしく美しいと伝えるようになり、ヨーロッパでの日本への関心が高まっていきました。そこで、旅行家イザベラとしてはどうしても日本に行ってみたくなったのでしょう。

一八七八年、四十六歳のイザベラは横浜に上陸し、そこで伊藤鶴吉という通訳兼案内人を雇い北へ向かいました。まず三ヶ月かけて北日本の日光、会津、新潟、東北、北海道南部まで、馬や人力車を使って旅をします。その後西日本も歩いています。その頃の社会を考えると、外国の女性の一人旅は大変だったでしょう。事実、『日本奥地紀行』には、蚊や蚤に悩まされたり、皮膚病の蔓延を気にしたりする様子が書かれています。

でも、日本社会はおそらく初めて接したであろう異国の女性に大らかに対応したようですし、一方彼女は日本人の日常をよく観察しています。

子育ての苦労、楽しさ

最初に引用した言葉は、日光で出会った親子の様子を描いたものです。

「私は、これほど自分の子どもをかわいがる人々を見たことがない。子どもを抱いたり、背負ったり、歩くときには手をとり、子どもの遊戯をじっと見ていたり、参加したり、いつも新しい玩具をくれてやり、遠足や祭りに連れて行き、子どもがいないといつもつまらなそうである」（高梨健吉訳、平凡社東洋文庫、一九七三年）

ここで描き出されているのは、母親だけではありません。「父も母も自分の子に誇りを持っている」とあって、お父さんが優しく子どもを抱いている様子が書かれています。さらに、「他人の子どもにもそれなりの愛情と注意を注ぐ」ともあります。

今の社会ではお父さんは会社人間というイメージが定着しているものですから、私自身江戸から明治へと移る頃の日本のお父さんについても子どもたちの世話をしている姿を思い浮かべることはありませんでした。実は子どもとよく接していたのだと外国女性に教えられた気持ちです。日常のことなので知っているつもりで知らなかったということはよくあります。気をつけなくては。

私が実際に知っている昭和以降の社会では、最近になってやっと子どもは母親だけが育てるものではないという意識が持たれるようになってきたように思います。保険会社が、ゼロ歳から六歳の子どもがいる人を対象にして行った「育休についての調査」（二〇二一年）を見ると、育休を体験した男性の半分が「子育ての大変さが分かった」と答えているとあります。私が若い頃は男性の育休など思いもよらないこと、いやそもそも女性が外で働くことをよしとしない男性が主流だったのですから、世の中よい方に変わってきたなあと思います。

子どもの世話は、確かに大変と言えば大変です。実は私の一番の幸せは、ぐっすり眠ることなのです。逆に言えば、一番辛いのは眠りたい時に眠らせてもらえないこと……。

ですから、赤ちゃんの夜泣きは本当に辛かったですね。当時は、アメリカから「科学的育児」が導入されて、授乳は三時間おきにしましょうと先生に言われ、しかも抱っこしすぎると甘えた子どもになり自立心が育たないので、できるだけ抱かないようにとの御指示です。何しろ新米ですから、先生のおっしゃることは守らなければならないと真剣です。夜中に起きてミルクを飲ませ（当時は、母乳でなく成分がはっきりわかっているミルクを飲ませなさいと言われたのです）、それだけでも辛いのに、そのうえ夜泣きをされたらこちらが泣きたくなります。本当は可愛いとわかっていながら、あまり続くとどこかへ放り出したくもなってきます。

子どもへの虐待という話を聞くと、そんなとんでもないことしないでと思う一方、私も心の奥では、眠くて仕方がないのにいつまで泣いてるのといらいらしたことがあったのを思い出します。ここで自制心がはずれたら、本当に放り出したのだろうなと思います。そんな小さなきっかけで、虐待にまで行ってしまうこともあるのかもしれないと想像すると、ちょっと恐いです。虐待をする親は、自分が小さい頃にひどい目に遭わされた体験がある場合が多いと聞きます。でも、人間には虐待する人としない人の二種類があるわけではないと私には思えます。誰もが持つ迷いを解決できるような状況をつくることが大切なのであり、子どもを育てている時の大変さを周囲が理解し、できるなら手を貸せるような社会にしなければいけないでしょう。

子どもとの時間は本来楽しいもののはずなのに、子育ては大変というところばかり強調してしまうのもよくないのではないでしょうか。先にあげた育休をとったお父さんが「子育ての大変さが分かった」と言っているのは大事なことですけれど、子どもと一緒にいる楽しさもわかったに違いありません。事実、ほんの少しですが、「子どもがなついて、子育ての時間が楽しくなった」という答えもありました。アンケートとなるとどうしても「子育ての苦労」を浮き彫りにしますけれど、子育ての本質は楽しさのはずであり、本当はそれを皆でニコニコしながら話し合っている社会がいいなと思うのです。

ここでふと思い出しました。私が子どもの頃、父が会社の帰りにお土産にお菓子を買ってきてくれるのが嬉しかったなあとか、日曜日には一緒にレコードをかけて音楽を楽しんだなあとか。育児というと食事やおむつ替えなどを思い浮かべますが、楽しみ係も大事でしょう。キャッチボールやサッカーなどお父さんも大切な係をやっていますね。

「おばあさん仮説」——子育てにおける年寄りの役割

人間は脳が大きくなったので、それが完成してからでは母親の産道が通れません。ですから早めに生まれます。しかも、脳を守るために脂肪をたっぷりつけて生まれますので、早産なのに体重は三キロもあり、ゴリラやチンパンジーなど他の霊長類の赤ちゃんに比べたら重いのです。ちなみにゴリラはお母さんは一〇〇キロもあるのに、赤ちゃんは人間より小さい一・八〜二キロくらいで生まれてきます。人間の場合、お母さんがずっと抱き続けているには重すぎるので、離して寝かせておくことになりますし、しかも自分で歩けるまでには一年以上もかかるのです。

ですから、人間の赤ちゃんはお母さんだけでなく、周囲の皆が面倒を見る共同保育をするように生まれるのだといえます。一人で寝かされていますから、泣いて自分の存在を知らせ、誰かに助けてもらおうとしますし、抱き上げてくれた人に向かってはニコリと微笑むのです。脳が大きいという人間の人間らしさを示すための最も大きな特徴は、皆で育てることとセットになっているのです。

そこで年寄りの役割が大切なものとして浮かび上がります。「おばあさん仮説」という言葉をお聞きになったことがおありでしょうか。生きものは子孫を残すことが大切なのだとしたら、閉経後の女性は不要ということになりそうですが、そうではないという考え方です。経験豊富な年寄りが子育てを引き受けることが、次の赤ちゃん誕生につながり（ゴリラやチンパンジーに年子はいません）、そこで人類は単に継続するだけでなく繁栄の道を歩いてきたというわけです。

共同保育とそこでの年寄りの役割が基本にあることを忘れずに、虐待社会はなしにしなければいけません。進んで手を貸しましょう。もっとも、今は、私たち年寄りにもやりたいことがたくさんありますから、ゴルフや俳句も、仲間とのおしゃべりも楽しみながら、孫たちが元気に育つお手伝いもしていくのが、人間としての生き方でしょう。言い方は少々大げさになりましたが、私たち人間が生きものであることを忘れずに、次世代、さらには次の世代へと幸せが続くよう、お手伝いしていきましょう。

○か×かで答えなさいとばかり言われてる
——ある中学生の言葉

すてきな見守りボランティア

これからの社会を託していくのですから、若い人たちが幸せに暮らせるような社会になるとよいですね。政治家でもなければ企業経営者でもない普通の人間としては、大きな力で社会を変えることなどできるはずもありませんけれど、だからと言って、自分のことだけ考え、殻に閉じこもるのもつまらないでしょう。日常の中で、若い人や子どもたちに関心を持って、朝元気そうに学校へ出かけていく小学生に出会ったら、心の中で今日も楽しい一日だといいねと声をかけるだけで、開けた気持ちになります。もちろん、声に出して応援するのはもっとよいですけれど。生き方を考える時、自分にばかり目を向けながらよく生きようとすると難しくなりますから、日常の小さなことでつながりをつくるようにしています。

大阪の高槻市にある研究館に通っていた時、研究館のある敷地の門の前が通学路の分かれ道になっていました。車が直進するか右折するか。そこに毎朝、口のまわりに短く白いヒゲを生やしたちょっとカッコいいお年寄りが小さな旗を持って立っていらっしゃいました。登校する子どもたちの安全を守るために。「おはよう」と大きな声で子どもたちに声をかけ、ニコニコしている姿に毎日出会うので、私もいつか「おはようございます」と声を出すようになっていました。そのうち、私の仕事のことを話題にして話しかけて下さるようにもなり、毎朝お目にかかるのが楽しくなりました。会社のお勤めを終えて時間ができたので……子どもたちの元気な姿を眺めるのがとても楽しそうで、きっと御自身の健康のためにもよいのではないかしら。そう思いながら御挨拶をしていました。年をとってからの日々の送り方としていいですね。

不登校の子どもたちと「いのち」を考える

こんな風に少し離れたところから子どもたちを見ている日常ですが、時々、子どもと向き合うこともあり、時にはこれは困ったと思う場面に出会うこともあります。先日、不登校の子どもたちが通うフリースクールの先生をしている友達に頼まれて、生きものについての話をしに行った時のことです。

先生から子どもたちに伝えて欲しいと言われたのは「いのちを大切に」ということです。人にはそれぞれの考えがあるのは当然で、それぞれでよいと思っていますが、そうは言っても、「いのちを大切に」という気持ちは、人間である以上誰もが持っていなければならない……というより持っているはずのものでしょう。でも「いのちを大切に」ということをきちんと考えようとすると、なかなか難しいところがあります。

面倒なことは抜きにして最も基本的なところを考えるなら、「人を殺してはいけない」というのは誰もが思うことでしょう。でもこんな単純なことがこの社会では守られていません。一番はっきりしているのは戦争であり、武器の生産です。とくになぜそんなものを持つのかわからないのが核兵器です。それを知りたくて少し調べましたのでコラムにします（七六ページ〜のコラム1）。

新聞に「核拡散防止条約」の再検討会議が延期されたという記事がありました（二〇二一年七月）。世界中の人を何度も殺せるほどの兵器を持つことにどんな意味があるのかしらと思います。「人を殺してはいけません」と子どもたちに話したら、だったら恐ろしい兵器を持っている意味はないよねと言われるに決まっています。素直に考えれば出てくる答えです。ところが、実社会ではそれが通用しません。「いのちを大切に」という言葉はこんな風に面倒です。

世界中でこのような問題を動かしているのは政治や外交に関わる偉い人たちで、私にはこれは変えられない……確かにそうなのですが、私たちにできることがないとは言い切れないと思っています。いのちを続けていかせるために若い人、子どもたちに自身の体験からの思いを伝えることは、きっと役に立つはずです。子どもたちが「いのちを大切に」という意味をよく考え、人を殺すのはおかしいという気持ちを強く持つ人になったら、世の中変わっていくに違いありませんから。

生きるって面倒

そこで、生きものの研究を続けてきた体験を生かして、抽象的な「いのちが大切」ではなく、身の周りにいる生きものに目を向けながら、「生きているってどういうことだろう」、「生きていることを大切にするってどういうことだろう」と生徒さんたちと一緒に考えてみることにしました。

実はこれは私の仕事そのものなので、基本を語ると長くなって話が途切れますので、ここもコラムにしますね（八〇ページ～のコラム２）。

コラム２に書きましたように、地球上にはさまざまな生きものが暮らしていますが、すべて三八億年ほど前に存在した一つの祖先細胞から生まれた仲間であるということがはっきりしました。小さな虫も花も鳥も……どんな生きものも三八億年近い長い長い歴史を背負っていっしょうけんめい生きているのですから、それをないがしろにするわけにはいきません。その気持ちが「いのちを大切に」ということなのです。周囲の生きものたちが生きている姿をよく見て、生きるのはちょっと大変だけれどすばらしいことなのだと感じられれば、どの生きものだって大切に思えてきます。

ただここでちょっと困ったことに出会います。私たちは、毎日食事をしなければ生きていけません。食卓にのるのは肉や魚など生きものばかりです。動物を殺してはいけないと言いながら、毎日それを食べないわけにはいかないのです。そこで生きものを殺さないようにと考えて、菜食主義になる人もいます。ニンジン、ホウレンソウ、ブロッコリー……でもコラム2で書いたように、植物も私たちと祖先を同じくする生きものの仲間です。私たちの体は、生きものを食べずには生きられないようにできているのです。

考えこむしかありません。ここでの答えは、生きものを食べるのは許されることとして、生きものたちに感謝する気持ちでていねいにいただくということしかないでしょう。無暗（むやみ）に殺生はしない。そして食べものはムダにせずに、「いのちをいただきます」という気持ちでいただく。これが生きるということです。つまりいのちのことを考えると、絶対いけないという×と、すべてよろしいという○ではすまないことがたくさん出てくるのです。そこがこの問題の難しいところです。ここで一人一人よく考えるほかありません。生きるとは、そういう面倒なことを考えることだと言ってもよいかもしれません。

○か×しかない学校

フリースクールではこのような話をしました。すると、話し終えた途端に、中学生の男の子が手を挙げました。「僕はこれまで、何でも○か×かで答えなさいと言われてきました。それでは決まらないってどういうことなのか。もう一回話してくれませんか」。ドキッとしました。生きもののことを考えていると、いつも良いとも悪いとも決められない中間的な部分ばかり出てきますから、私にとっては○か×かで決まらないことがあるというのはあたりまえだと思ってきました。中学生も日常の中で○だか×だかわからないという場面に出会っているだろうなと思いながら話をしたのです。ところが学校では○か×かしかないと教えられているというのですからびっくりです。

「食べものの例で、殺すことはいけないとわかりながら、いのちあるものを食べないわけにはいかないという複雑なことの中で私たちは毎日生きているのだということはわかってくれたわね。この複雑という言葉が大事なんだけれど。複雑と言えば、クラスのお友達を見ても、すべてよい人もまったくダメな人もいないでしょ。算数は得意だけれど走るのは苦手な人もいれば、その逆もあるし。生きものを見ていると良い面と悪い面とが、いろいろ混じり合って、結局それぞれがそれぞれらしく存在していることになり、それでいいんだよねとなるので、結局どれもが大事な存在であるということになるのね。ライオンも大事だし、アリも大事というわけ。人間もそうで、どのお友達も一人一人誰もが大事な存在であって、誰が○で誰が×などということはありません。○か×かで答えていると、人間のことまでそんな風に考えるようになって、×だと思った子をいじめてしまうというとんでもないことも起きかねないでしょ。恐いことです。

算数の計算の答えにはもちろん○と×があるけれど、人間について考える時は○と×で答えが出ないことがほとんどだと言ってよいと思うの。

機械の場合は、これはよし、これはダメと決められることが多いけれど、人間は機械じゃない。これからはそう考えましょう」

こんな風に話しました。何でも○か×かで答えが出せると子どもたちに思わせる教育は、子どもを機械のようにしてしまうのではないでしょうか。

普段の暮らしでも、世の中でどう思われるかを気にして○か×かと判断しようとするのでなく、自分で考えていくのが、生きることを充実させるのではないでしょうか。面倒ですけれど。生きるって面倒なものなのよね。中学生と話しながら、心の中でずっとそう考えていました。本音です。

コラム1

核兵器をつくってしまった「ホモ・サピエンス」

そもそもなぜ核兵器などという非人道的なものをつくったのかと歴史をひもときますと、そこにはあたりまえですが戦争があります。物理学の研究を進めているうちに、原子の核の中に大量のエネルギーが閉じ込められていることがわかり、これを瞬時に爆発させればこれまでにない威力の爆弾がつくれることがわかってきました。

しかし、そんな恐ろしい爆弾をつくろうとは思わない。当時の物理学者はそう考えていました。人間として当然ですね。けれども第二次世界大戦でドイツ・イタリア・日本が組み、イギリス・アメリカ・中国などと戦う中、戦火は日に日に激しくなりました。新しい科学技術を駆使した航空機での爆撃など、民間人を巻き込んだひどい戦争になってきたのです。

新しい兵器合戦になり、その中でも最も威力が期待できる核兵器に目が向きました。独裁者ヒットラーに支配されているドイツから、アインシュタインなどユダヤ系の学者はアメリカに亡命し、そこで物理学の研究をしていたのですが、ドイツに残っている優秀な学者が、原子爆弾を開発しているのではないかと心配になったのです。先に開発されたら大変です。そこでついにアメリカにいる優秀な物理学者を集めて「マンハッタン計画」という原子爆弾開発のプロジェクトを始めます。その結果つくられた原子爆弾が広島と長崎に落とされたことは、どなたもご存じでしょう。その悲惨なことも。

戦後十年が経過し、ラッセル゠アインシュタイン宣言として哲学者や物理学者が核兵器廃絶、科学技術の平和利用を訴える宣言を出しました。平和の時代になってみれば、自分たちが率先して核兵器開発に関わったのは間違いであったと考えたのです。戦争をしている最中には冷静な判断はできず、敵より先に兵器をつくることばかり考えてしまったことを強く反省しました。理性的な人たちのはずなのに、戦時には戦争に勝つためならと普段には考えない恐ろしい所業を平気でやるようになるということを、この例ははっきり示しています。とんでもない人がとんでもないことをやるのではないことがわかりました。だからこそ止めなければなりません。

生きものの研究では、人間をヒト（ホモ・サピエンス）と呼びます。「サピエンス」って「賢い」という意味です。戦争するのを賢いって言うのかしら。自分を賢いと名づけるんだったら、「本当の賢さ」を考えなければならないのにとよく思います。でも核兵器開発のきっかけをつくってしまった学者たちは、反省をしました。反省だけならサルでもできるなどと言わずに、この反省を生かしていくのが私たちの役目であり、子どもたちに対する責任です。

日本でも優れた物理学者たちが原子爆弾開発の可能性を探っていたことがわかりました。そこで戦後、日本初のノーベル賞（物理学賞）受賞者になった湯川秀樹先生（ラッセル＝アインシュタイン宣言に参加していらっしゃいます）や、その後同じくノーベル物理学賞を受賞なさった朝永振一郎先生も、核兵器廃絶に熱心に取り組まれました。お二人とも、私が学生時代に現役バリバリで活躍していらっしゃいました。そしてお二人とも、これからは生きものについて考えなければいけない、そこにはたくさん学ぶことがあると気づかれて、私が質問にお答えしたことも何度かあります。専門外でご存じないことは、学生にでも率直に問いかけられるのです。すばらしいことです。お二人とも、優しいすてきな方でした。よーく考える方。一言で表せばこう言えますし、先生方のように優れていなくても、誰でも考えることが大事だと教えていただいた体験として今も時々思い出しています。

そのような方たちも、戦時中は日本が勝つためには兵器の開発が必要だという考え方に強くは反対なさらなかったのですから、戦争は恐いです。

「ホモ・サピエンス」の「賢さ」は、算数の試験で一〇〇点を取るかどうかではなく、「考えることができる」という意味です。残念ながら人間は間違いを犯すことがあるけれど、間違ってしまったらそれを反省し、考え続けて、よい道を探すのが本当の賢い生き方なのではないでしょうか。

コラム2
生きものはみんな仲間

〝いのち〟とか〝生きている〟ということを考える時、普通は人間のことだけを考えがちです。身近なペットや庭の草花を思い浮かべる時も、やはり人間中心になります。でも、生命誌では、〝生きている〟という言葉でまず地球上に存在する生きものすべてのことを考えます。

地球上にはさまざまな動物（この仲間には、鳥・魚・昆虫なども入ります）や植物はもちろん、目に見えないバクテリアなどもあり、その種類は数千万種に及びます。それぞれの特徴を生かして生きる異なる生きものたちですが、すべての生きものに共通することがあるのです。それは細胞でできていること。しかもその中に必ずDNAという物質が入っていて、それが遺伝子の役割をしていることです。

数千万種もの生きものが共通性を持っているのは、一つの祖先細胞からすべてが

生命誌絵巻。JT生命誌研究館ホームページより（協力・団まりな、絵・橋本律子）

進化し、今の生きものたちになってきたからなのです。もちろんその中には人間もいます。まず「生きものはみんな仲間」という事実を忘れずに、すべての生きものに仲間としての眼差しを向けることが出発点です。もちろん大きな動物は怖いとか虫はちょっとダメなど苦手意識は誰にもありますね。どれもみんな同じように好きとはいかないのは仕方がありません。でも仲間ということは忘れないでいることは大事です。

すべての生きものの共通祖先と

なる細胞は、三八億年ほど前の海に存在したことがわかっています。つまり今地球上にいる生きものは、皆三八億年近い長い歴史を持っているのです。ここに一匹のアリがいたら、その親、さらにその親を辿っていくうちに必ず三八億年ほど前の祖先細胞に戻ります。人工的にアリをつくり出すことはできません。三八億年近い長い時間がなければ、アリは存在しないのです。小さな生きものも粗末には扱えません。

一つ一つの生きものが長いいのちの歴史の中にあるのです。私たち人間もその中の一員であることを忘れずにいれば、生きものを大切にする気持ちは自ずと生まれてくるのではないでしょうか。

競争ばかりしていてはつまらない

――二人の「孫」に学ぶ

あのスーパースターの笑顔の源

新聞の投稿に目が留まりました。「持病があるので新型コロナウイルス感染にはとくに気をつけて外出はスーパーマーケットへの買い物と、近所の散歩だけになっており、ワクチンを打った後も家で過ごすことが多い。そんな中で、大きな楽しみを見つけた」というのです。七十五歳の女性です。さて「大きな」という形容詞のついた楽しみは何でしょう。

答えはテレビで大谷翔平君の活躍を見ることなのです。「打って、投げて、ほほえんで、なんてすてきで、かわいいのでしょう。すっかりとりこになりました」。本当にそうですね。アメリカのオールスター戦に投打の二刀流で出場するのはベーブ・ルース以来と聞いて、野球選手としてのとび抜けて優れた才能に驚いています。でも、大谷選手の真の魅力は、「チームの人たちとコミュニケーションをとる時のうれしそうな顔」と投稿者が書いていらっしゃるように、野球を心底楽しむと共に仲間たちとプレイできることを心から喜んでいる気持ちが素直に出てくる様子です。それは見る者の気持ちまで生き生きさせます。

今は競争社会です。スポーツは勝敗がわかりやすいこともあって、アスリートたちは結果を出して評価されることを目的に日々の訓練に励んでいるように見えます。競争を意識した途端に無理をしてでも勝たなくてはならないという気持ちになり、辛くなるでしょう。スポーツは本来楽しむもののはずですのに。もちろん、もっと技を磨きたい、上手になりたいという気持ちとそのための努力が、スポーツの楽しみでもあり、納得のいくプレイができた時の喜びは何ものにも替えがたい喜びであることは私もわかっています。

突如大谷選手とはとんでもなく遠い、低レベルの話になって申し訳ありませんが、私もスポーツは好きで、子どもの頃から楽しんできました。今も時々テニスの仲間からのお誘いがかかり、ボールを追いかけると本当にすっきりします。その中で、たまに思い通りのボレーが決まったり、ストレートで相手の脇を抜くことができたりしたら、大げさに言うなら天にも昇る嬉しさです。滅多にないことなので、気持ちよかったなあと思い出してニヤニヤもします。でも、試合での勝ち負けにはこだわりません。プレイの終わった後、皆でビールを飲みながら（残念ながらアルコールに弱くウーロン茶でのおつきあいです）試合の話をするのも楽しみなのですが、そんな時もスコアはまったく覚えていません。仲間の中には、勝負にこだわっていつまでも口惜しがっている人もいます。それも生き方と知りながら、忘れちゃった方が楽なのにと笑って聞き流しています。

大谷翔平君（大選手ですが、投稿者もこう書いていました。孫の世代なので、気持ちとしては「君」です）は、天賦の才に恵まれているだけでなく、努力を重ねていることは、日常の報道でわかります。でも、競争で野球をやっているのではないことは事実でしょう。もっと上手くなりたい、速い球を投げたい……さまざまな思いで、より上をめざしているけれど、誰かと競争をしているとは思えません。その意識でやっていたら、あの笑顔は出てきません。

胸のすくようなホームランを打ち、投げた後に示される数字に驚く速球を投げるだけではない魅力を見せてくれる若い人がいることに、未来への希望が見えてきます。

藤井聡太君のはにかむ笑顔

そう言えば、もう一人まったく同じ魅力を持つ青年がいますね。藤井聡太君（今や大棋士ですが、大谷選手と同じくついこう呼びたくなる魅力があります）です。こちらもすばらしい。

小学校六年生で将棋連盟の奨励会初段になったのは史上最年少とあります。五歳でおじいさま、おばあさまから手ほどきを受けたのが始まりで、以来将棋一筋というのですから、性に合ったのでしょう。小学校二年生の時に子どもたちを対象にした将棋の全国大会の東海地区で準優勝という記録に驚きますが、この時の映像を見て、本当に可愛いと思いました。ハカマ姿でタスキ掛けの小ちゃな男の子が表彰式の間中大泣きしているのです。そこからは競争をして一番になれなかったことではなく、敗けた自分が情けないという気持ちが伝わってきました。その気持ちのまま成長している姿を今も見せてくれています。十四歳二ヶ月で四段になったのも、加藤一二三さんの記録を更新し史上最年少というのですから、こちらも大谷翔平君と同じく、天賦の才に恵まれたすばらしい青年です。その後の活躍ぶりは、一つ一つ書き上げるにはあまりにも大変すぎるめざましいものです。

対局後に感想を聞かれると途端に厳しい勝負師から、ちょっとはにかみ気味の青年になって、考えながらていねいに答える時の控えめの笑顔がすてきです。大谷君のはじけるような笑顔も藤井君のはにかみながらの笑顔も、自分の好きなことに打ち込んで思い切り生きている人のそれであり、心を打ちます。

藤井聡太棋士は、「子どもの頃には谷川浩司さん、羽生善治さんなどに憧れていたけれど、今は憧れるのでなく、自分を見つめ、自分を磨くことが大事と思っている」と話していました。相手を決めての競争という意識はないのでしょう。自分がヘマをするのは口惜しいけれど、相手に対しては自分が勝った時でも尊敬の気持ちを失っていない様子が爽やかで心和みます。

ゆっくり歩くことが許されない

いつの頃からか、厳しい競争社会になりました。「新自由主義」と称して、経済活動を中心に社会を民間での競争に任せると、より効率のよい社会になり活性化するという考え方が強くなったのです。皆を仲間と捉え、皆が豊かで幸せな生活を営めるようにしようという考え方を否定し、競争によって成果を高めようとしたのです。

機械であれば、競争に勝とうとして効率のよいものをつくっていくという選択があって然るべきです。でも人間は機械ではありません。お互いを思いやりながらの助け合いが生きることを支えているのです。今の競争社会は生きものである人間を忘れているように思えて仕方がありません。

大谷翔平、藤井聡太という二人の若者は、図抜けた才能を持ち、目立った活躍をしていますが、私の身の周りにも、同じように競争で人を蹴落とすことを好まず、自分を見つめながら懸命に勉強やスポーツや仕事を楽しんでいる若者がたくさんいます。けれども今の社会は、とにかく短時間での成果、しかも数字で見えるような成果をあげることを求めます。若い人たちが思いきり楽しみながら力を発揮できる環境をつくっていくのが大人の役割ですね。

先ほど、何でも○か×かで答えなさいとばかり言われて、学校へ行くのが辛くなった中学生の気持ちを聞いたことを書きました。○か×かを求められると、早く答えを出しなさいと言われていると感じるのでしょう。○と×の間だってあるよなあなどと愚図愚図考えているのはダメというプレッシャーがかかるのでしょう。ゆっくり考えることが一番人間らしい行為ですのに、それを否定されるのは辛いことです。しかも、そこではクラスメイトは競争相手になってしまいますから、気持ちはさらに辛くなっていかざるを得ないでしょう。

『あしながおじさん』の教え

実は私にとってのバイブルとも言える本があります。J・ウェブスターの『あしながおじさん』です。これについてはすでにいろいろなところで書いていますが、この物語の主人公ジュディとは毎日心の中で話し合いをしていますので、ここでもちょっと彼女に登場してもらいます。

孤児院（今はこの言葉は使いません。児童養護施設です。ただお話の中ではこの言葉が使われており、同じくらいの年齢なのに一人ぼっちになってしまった状況を思いながら読んだ思い出と重なりますので）暮らしをしていたジュディは、名前を明かさない評議員の一人の援助で大学へ行くことができます。応援へのお礼として求められたのはただ一つ、学校生活の報告の手紙を書くことだけです。作家志望のジュディのことです。日々の報告や社会について考えたことなど、新しい生活で得た思いを手紙にのせます。そこに書かれていることがどれも私自身の思いと重なり、仲間がいるようで心強いのです。

ジュディも競争は嫌いです。その部分を引用しますね。

「たいがいの人たちは、ほんとうの生活をしていません。かれらはただ競争しているのです。地平線から遥かに遠い、ある目的地（ゴール）へいきつこうと一生けんめいになっているのです。そして、一気にそこへいこうとして、息せき切ってあえぐものですから、現にじぶんたちが歩いている、その途中の美しい、のどかな、いなかの眺めも目にはいらないのです、そしてやっとついた頃には、もうよぼよぼに老いぼれてしまって、へとへとになってしまってるんです。ですから、目的地へついてもつかなくても、結果になんの違いもありません。あたしは、よしんば大作家になれなくっても、人生の路傍にすわって、小さな幸福をたくさん積みあげることにきめました」

（遠藤寿子訳、岩波少年文庫2、一九五〇年）

大事なのは競争ではなく自分が好きなこと、大事と思うことを思いきりやることではないでしょうか。そこでどんなことができるか。それは人それぞれですけれど、皆がそのようにして生きている社会は、今よりずっと暮らしやすく、笑顔がたくさんになるに違いありません。そして笑顔こそ、暮らしやすい社会を生んでいく鍵だと私は思っています。

なぜあなたたちは私たちにするなということをしているのですか
――スウェーデンとカナダの女の子

若い環境活動家の憤り

グレタ・トゥンベリという名前はお聞きになったことがおありですよね。今十九歳のスウェーデンの女の子。いつもちょっと恐い顔をしていますけれど、大事なことを言っていますから、ちょっと彼女の言葉に耳を傾けてみましょう。

グレタさんが活動を始めたのは今から三年半前、十五歳の時です。異常気象、もう少し広く考えるなら地球環境問題に対して大人たちが無関心すぎることに憤り、国会議事堂前で抗議活動をしました。異常気象の原因は人間活動による膨大な量の二酸化炭素の排出なのに、経済活動にばかり目を向けている大人は、一向に問題解決をしようとしないというのが彼女の憤りのもとでした。

二酸化炭素は、石炭や石油などを燃やした煙に含まれていますので、大量生産・大量消費の社会で、工場から出る煙が増えるとともに大気の中にどんどん増えてきました。鉄道、次いで自動車、さらにはジェット機が飛び、とても便利になりましたが、そこからも二酸化炭素が出ます。困ったことに、二酸化炭素は温暖化の原因になります。事実、日本でも、本州で五月から気温が三〇度を超す日があるとか、一日に一月（ひとつき）分の雨が降りましたというようなとんでもない豪雨があるなど、何かおかしいと誰もが思う日が続いています。でも普通は、地球環境問題などという大きな事態は私一人の力でどうなるものでもないしと考えてしまいます。一人で声をあげたって仕方がないと諦めてしまいがちです。

しかも、世界のリーダーの中には、温暖化は私たちが出している二酸化炭素のせいではないという人までいました。こういう時は、科学の力で誰もが納得するデータを出していくのが現代社会のやり方ですが、困ったことに気候はとても複雑で、科学で答えが簡単に出せるものではないのです。自然は、科学だけでなく、私たち人間の感覚で捉えることも大事です。農業を長い間続けてきたお年寄りが、雲行きでお天気をみごとに予測するのに驚かされることがあります。勘の大切さです。でも勘では、世界のリーダーを説得するのは難しく、答えのないままに時が経ってしまいました。

グレタさんを育んだスウェーデン社会

グレタさんは、普通の人の考え方が大事だと言っています。私も、一人では何もできないと凹みがちではありますが、でも一人一人が大切だとも思っており、高校生という純粋にものが考えられる時代に素直にそれを表に出すのはすばらしいと、彼女には感心しています。スウェーデンの社会が若者に思い切り行動できる雰囲気をつくっているというところもあるのかなと思います。

実は、長女がスウェーデンの文化に関心を持ち、ストックホルム大学に通いました。思いがけないことに、その間の一九八六年にチェルノブイリの原発事故があり、しかもその後、風がスウェーデンに向かって吹いて放射能汚染物質がとんでいくという事態になったのです。本当に心配し、呼び戻すことも考えましたが、送られてくる情報から気をつければ大丈夫と判断しました。ヨーロッパの人は少しの雨なら傘をさしませんので、それはしないようにと注意する手紙を書いたことを思い出します。メールのない時代でしたから。ただその時、日本の技術はもっとしっかりしているから、日本では事故は起きないだろうと思っていました。今となっては間違っていたことになります。絶対安全などというものはないのですね。スウェーデンにも原子力発電所がありますので、どうするか関心を持ちました。

このような時スウェーデンは、国民投票をします。ただ原発については、すでに一九七九年に起きたスリーマイル島での事故を受けた一九八〇年の国民投票で「脱原発」が決められていたのです。具体的には「二〇一〇年までの全原発閉鎖」です。一人一人の判断がそういう答えを出したのです。でも、ここでスウェーデンの人たちが考えているのは○か×かではありません。実はその後、エネルギーの必要性から考えて二〇一〇年には政策を見直し、方針を変えたことでそれがわかります。

私たちは、二〇一一年の東日本大震災の時に東京電力福島第一原子力発電所の事故を経験しましたので、今では原発について厳しい目を持っています。これから日本ではどうしたらよいでしょう。それは私たち日本人の判断であり、それにはスウェーデンのように国民一人一人が参加しての判断が必要だと私は思っています。

実際に、長女を預かって下さった老夫婦と話していると、社会は自分たちが動かしているのだという感じがよく伝わってきて羨ましかったことを思い出しています。税金について、納税用の書類を見せながら、とても高いけれど国がやってくれることを考えると文句はないとはっきり言われ、私はそうは思ってないぞと心の中でつぶやきましたね。理想的な国はどこにもなく問題はあるのでしょうが、納得して暮らしている様子が羨ましかったのです。私たちも、家族のことでしたら、その一員として責任を持って行動するのがあたりまえになっています。それをちょっと広げて社会の一員としても責任を持ち、自分たちが暮らしやすい社会にするためには自分の行動に意味があるのだと思えるようになるとよいですね。

グレタさんに先駆けた三〇年前の少女

グレタさんは私にとっては孫の世代です。そこで、孫に叱られている気分がした時に、こんな気持ちになったことが前にもあったなという気がして、思い出しました。今から三〇年ほど前の一九九二年に、ブラジルのリオデジャネイロで、環境と開発に関する国連会議（地球サミット）があり、そこに集まった世界の指導者たちに十二歳の少女、セヴァン・スズキが、大人への疑問を投げかけたことを。カナダ国籍ですが、名前から想像できるように日系で、年齢からすると、私の子どもにあたります。

彼女はこう言ったのです。

学校で、いや、幼稚園でも、あなたたち大人は私たち子どもに、世の中でどうふるまうかを教えてくれます。たとえば、

- 争いをしないこと
- 話し合いで解決すること
- 他人を尊重すること
- ちらかしたら自分で片づけること

- ほかの生きものをむやみに傷つけないこと
- 分かち合うこと
- そして欲張らないこと

ならばなぜ、あなたたちは、私たちにするなということをしているのですか。

そして、「もし戦争のために使われているお金を全部、貧しさと環境問題の解決のために使えばこの地球はすばらしい星になるでしょう。私はまだ子どもだけれどそのことを知っています」と。

グレタさんより語り口は柔らかいけれど、子どもに言い聞かせながら自分たちはそれを実行していない大人への怒りはまったく同じですね。この時すでに、私たちが便利さや豊かさを求めるあまり二酸化炭素を排出しすぎていることはわかっていました。環境問題はそれだけでなく、工場建設のために緑の森を壊すなど、さまざまな問題を起こしてきました。もちろん環境の大切さに気づいて、良質な環境を維持するための活動を熱心に続けてきた人たちも少なくありません。でも、社会全体としては、経済優先でここまでできました。

それなら多くの人々が豊かになったかと言えば、富の格差は広がって、貧困問題も深刻になっています。個人的にはこの三〇年間、生きものとして生きることの大切さを考え続け、そこで大切だと思ってきたのは、まさにここで二人の少女が言っていることと重なります。生きものとしてのヒトの特徴には「分かち合う」があります。他の生きものに比べて「争いをしない」という選択が好きなのもヒトの特徴です。そういうことを考えていながら社会に向けて強い言葉をぶつけることはせずにきました。戦うことが得意でないからです。でも少女たちを見ていると、何をぐずぐずしていたのかなと自分が不甲斐なくなることも確かです。

貧困問題や環境問題というと、その解決は私には難しくてどうしようもないことになってしまいます。でも、セヴァン・スズキが言うように、自分が散らかしたゴミを自分で片づけることはできますし、ほかの生きものをむやみに傷つけないのはあたりまえです。お互いを尊重し合ってわかち合うことももちろんできます。

グレタさんは少々硬派なので、最近こんな風に言っています。

「今でも多くの人がベストを尽くしているが、世の中は複雑だ。必要とされている取り組みが容易でないことはわかっている。（中略）でも人間は、力を合わせ、できると思えばどんなことでもできるはずだ。私は諦めない」

その通りです。

大人になると、わけ知り顔になって、諦めやすくなるような気がします。大人は子どもたちを思いやって何かをしてやらなければならないと考えますが、実は今私たち大人にとって大事なのは、子どもたちに学ぶことかもしれません。そして、ゴミの片づけをきちんとしながら、どうせできっこないなどと言わずに毎日を暮らし、外に向かっての発信もしていくことが、子どもや孫にありがとうと言ってもらえる暮らしやすい社会づくりにつながるのではないでしょうか。できることをやる。一番小さな決心ですが、これが始まりだという気がします。

「学問したら何の役に立つんだろう」

――『たそがれ清兵衛』より

学びに終わりはありません

子どもの頃、勉強は嫌いではありませんでした。今まで知らなかったことを知ると、とっても嬉しくなったものです。今でも本を読んだりテレビを見たりして、新しい星が生まれるところを大きな望遠鏡で撮影した写真に驚き、さまざまな場所で暮らすさまざまな人々の生き方に感心する日を送っています。子どもの頃と同じだなあと思います。

子ども時代は、原っぱへ行くとびっくりするほど上手にトンボをとる男の子がいて、すごーいと思いました。今は『ポツンと一軒家』（テレビ朝日系）という番組で、野菜を上手につくり、裏山をきれいに整備して暮らす人々に感心しています。先祖伝来の地を守っての暮らしを大切にし、お墓や神社のお掃除をていねいになさる姿からは充実感がうかがえます。時には山を眺めながらお風呂を楽しみたいからと露天風呂を自分でつくってしまう人もあり、感心しながら羨んでいます。大人にも子どもにも暮らし方が上手な人はたくさんいますから、学びに終わりはありません。

学校での勉強も遊びの延長で楽しんでいましたが、そうは言っても夏休みにたくさん宿題が出ると、遊びたい気持ちから「なんで勉強しなきゃいけないの」と思ったこともありました。本当は遊びたいというだけのことだったのですが、ちょっと真剣な顔をして考えてもみたものです。答えなどあるはずもありませんけれど。

素読が果たしてきた役割

こんな話を始めたのは、山田洋次監督の映画『たそがれ清兵衛』に見出しに掲げたセリフがあったからです。原作は藤沢周平です。藤沢さんの小説の登場人物は、器用な生き方とは言えないけれど、心惹かれる生き方をしているので、夜遅くにちょっと時間を見つけて読んだりしています。映画は清兵衛の次女以登(いと)が大人になってからの回顧という形をとり、その役を岸惠子さんがみごとに演じていらっしゃるので、DVDを買って時々観ています。妻が病弱でしかも認知症の母を抱えている清兵衛は、夕方に城の鐘が鳴ると同時に帰宅して家の仕事をします。定刻退社ですね。飲みに誘っても断るつき合いの悪い奴というわけで、「たそがれ清兵衛」という仇名をつけられました。

映画では、急いで帰った清兵衛が囲炉裏端で内職をする脇で、長女萱野(かやの)が『論語』を暗唱しています。寺子屋で先生と一緒に読んだところの復習です。『論語』と聞くと「過ちを改めざるをこれ過ちという」など、ちょっと難しいけれど大事だとわかる言葉を親から聞かされ、これが『論語』という生き方の基本が書いてある本にある言葉だと教えられたのを思い出します。父の世代は、入学前の小さな頃から親の前に座らされて『論語』の素読(そどく)をしたと言います。すぐに意味がわからなくても、声に出してくり返しているうちに自分のものになり、一生忘れず生きる基本になると考えてのことでしょう。『論語』は孔子が始めた儒教という特定の教えであり、そこで語られていることをそのまま受け入れましょうなどと言うつもりはありません。時代は違いますし、さまざまな価値観はあって当然です。ただ、日常使われる言葉が親から子へと伝わるのは悪くないので、今だったら自分の好きな本を子どもたちと一緒に読むのがよいかなと思います。絵本もよいですね。

疑問を持つことから始まる

話は清兵衛からずれてしまいました。萱野は論語を詠みながら「お針を習えば自分で着物が縫えるようになる（だから習う意味がよくわかる）。でも学問は何の役に立つんだろう」と聞きます。清兵衛はしばらく考えて、「学問すれば考える力がつく。考える力がつくと世の中どう変わってもなんとかして生きていける」と答えるのです。1章で、映画『男はつらいよ』の中で「何のために生きるのかな」という甥の満男の問いに答えた寅さんの言葉がみごとだと書きましたが、この清兵衛さんの答えもすばらしいですね。実は両方とも山田洋次監督の言葉なのですね。この場面、原作にはありません。

勉強といえば「覚える」という言葉を思い出して、教科書に書いてあることや先生のお話を頭に詰め込もうとしがちですが、そうではありませんよね。もちろん覚えなければならないことはあります。文字や九九などは考える時の基本として必要です。でも覚えることが目的なのではなく、自分で考えられるようになることが大事だというのはその通りでしょう。自分で考えていると、時に今教えられていることは本当にそうなのかなと思うことだって出てきます。先生のおっしゃる通りと信じ込むばかりでは新しいものは生まれません。疑問を持つことからしか新しいものは生まれないのです。

世の中は疑問だらけです。私はたまたま科学という分野にいるものですから、よく答えを求められます。科学者は何かを知っている人とされているようなのですが、実は、科学では次々わからないことが生まれてきます。調べれば調べるほどわからないことが出てくるのが実態です。わからないことを一番たくさん持っているのが科学者ともいえそうです。そこから新しいものが生まれ、これまでにないことができるようになる。人間の社会はそうやって新しいものを見つけ、楽しんできたのです。

山田洋次監督はいつも、社会の権威に向けて疑問をぶつける作品を世に出していらっしゃいます。自分で考えて、本当に大事なことを見つけながら生きる普通の人を描いているところに共感します。これからの社会ではますますこのような生き方が大事になるのではないでしょうか。

「耕作」と「文化」

ところで、勉強のことを考えていたら、「試験問題としてあなたの文章を利用したい」という依頼の手紙が来ました。毎年あることなのですが、今回は私の文が太宰治のものと一緒に使われると書いてあってびっくり。そこにあった太宰の文はこれまでに読んだことのないもので、しかも勉強と考えることとのつながりをみごとに示すとてもすばらしい文でした。何かを考えている時に、たまたまそれと関わることが起きて驚くということはよくあります。今回もまさにその例で、生きていると何が起きるかわからないものだと思いました。そこで、少し長いのですが、太宰の文を引用します。

主人公である中学生の「僕」が、お世話になった黒田先生のことを書いています。

「もう、これでおわかれなんだ。はかないものさ。（中略）きょう、この時間だけで、おしまいなんだ。もう君たちとは逢えねえかも知れないけど、お互いに、これから、うんと勉強しよう。勉強というものは、いいものだ。代数や幾何の勉強が、学校を卒業してしまえば、もう何の役にも立たないものだと思っている人もあるようだが、大間違いだ。植物でも、動物でも、物理でも化学でも、時間のゆるす限り勉強して置かなければならん。日常の生活に直接役に立たないような勉強こそ、将来、君たちの人格を完成させるのだ。何も自分の知識を誇る必要はない。勉強して、それから、けろりと忘れてもいいんだ。覚えるということが大事なのではなくて、大事なのは、カルチベートされるということなんだ。カルチュアというのは、公式や単語をたくさん暗記している事でなくて、心を広く持つという事なんだ。つまり、愛するという事を知る事だ。学生時代に不勉強だった人は、社会に出てからも、かならずむごいエゴイストだ。学問なんて、覚えると同時に忘れてしまってもいいものなんだ。けれども、全部忘れてしまっても、その勉強の訓練の底に一つかみの砂金が残っているものだ。これだ。これが貴いのだ。勉強しなければいかん。そうして、その学問を、生活に無理に直接に役立てようとあせってはいかん。ゆったりと、真にカルチベートされた人間になれ！　これだけだ、俺の言いたいのは。君たちとは、もうこの教室で一緒に勉強は出来ないね。けれども、君たちの名前は一生わすれないで覚えているぞ。君たちも、たまには俺の事を思い出してくれよ。あっけないお別れだけど、男と男だ。あっさり行こう。最後に、君たちの御健康を祈ります。」すこし青い顔をして、ちっとも笑わずに、先生のほうから僕たちにお辞儀をした。

（「正義と微笑」『パンドラの匣』新潮文庫所収）

教室の様子が映画の一場面のように目の前に広がり、ジンときます。

黒田先生の言葉を清兵衛の言葉に重ねると、勉強してすぐに何かに役立てようなどと思わず、勉強ってすばらしいと思いなさいと言っているのだということがよくわかります。その通りであり、一つ一つ解説する必要なしですね。ただ、「カルチベートされる」という言葉についてはちょっと考えたいと思います。ここからカルチュア、つまり文化、教養という言葉が生まれたのであり、この言葉を英和辞典で引くと「品性や才能を高める、磨く」と書いてあるところを意識して先生は話されたのでしょう。とても大事なことですが、ただ、私のように生きものを研究している者がカルチベート（cultivate）と聞くと、まず頭に浮かぶのが「耕す」、次いで「栽培する」なのです。辞書にもこちらの方が先に書いてありますので、本来は土を耕すから始まって、人間も耕して教養を身につけるようにするという意味に転じていったのでしょう。

これはとても大事なことなのではないでしょうか。私たちが土地を耕し、そこでイネやコムギなどの穀物やさまざまな野菜を育てる農業を始めたところから、他の動物とは異なる文化、文明を持つ人間としての生活が始まったのです。文明はどんどん進み、今や多くの人が空調されたビルの中でコンピュータに向かって仕事をし、子どももスマホが一番身近な道具という時代になりました。多くの人が自然と接することのほとんどない一日を過ごしています。けれども食べない人はいないわけですから、「耕すこと」が人間らしい生活の始まりであったことを忘れてはいけません。農業は本来そこの自然を生かして行うものです。コムギに適している土地もあれば、イネがつくりやすいところもあります。栽培しにくいものを無理矢理植えるのではなく、雨の降り方や気温に合わせて作物を選び、さまざまなものを楽しんで食べてきたのが人間の歴史です。耕すことはまさに自然を生かす行為なのです。人間のカルチュア（文化）もそれぞれの人に合わせて生まれるものでしょう。絵が描きたい、音楽が好きだ……いろいろある対象のそれぞれをそれぞれが楽しむことで、自分を磨いていきます。合わないものを無理矢理やっても、少しも楽しくありません。

学校での勉強も同じですね。黒田先生はそのことをおっしゃったのでしょう。でも最近の教育は、一律に無理矢理覚えさせるところがあります。それではよい作物は実りません。勉強が嫌いになり、ついには学校も嫌いになったら悲しいです。

文明は一人一人の生活から生まれる

黒田先生がすばらしいので、話が終わらなくなりましたが、これと一緒にあげられた私の文の一部を引用しますと、次のようなものです。

これからの科学は、生きものを丸ごと見ようとしており、その先には人間があり、自然がある。科学は特殊な見方をするものではなく日常とつながっていなければならなくなったのである。そして、生命論的世界観には、科学や哲学の歴史の他、日本の自然の中で生まれた日本文化から学ぶことがたくさんある。つまり、今求められているのは、日常と思想とを含む知なのである。

科学という日本語に訳したサイエンスは本来「知」を意味する言葉であり、思想も日常も含むものだったのであり、実は今の動きは基本に戻ることになる。もっともこれまでの科学を支えてきたのは主としてヨーロッパの思想と日常であったが、今求められている新しい科学では、日本の自然・文化が重要になると私は考えている。日本の文化には、一度自然を客体化しながらそれを主体と合一化していく知があるからである。

原発事故の後、科学の限界、透明性の不足、コミュニケーションの必要性などが指摘されているが、そこでは科学技術に取り込まれ、金融経済に振り回される機械論の中での科学を科学としている。研究者にとって大事なのは、今変化しつつある知に向き合い、新しい知を生み出す挑戦であり、今の科学のあり方を変えることではないだろうか。これは非常に難しい作業であり、すぐに答の見えるものではないが、これを乗り越えてこそ、豊かな自然観・生命観・人間観が生まれ、本当に豊かな社会をつくる科学技術を生み出すことができるはずである。想像力を豊かにして新しい文明を創造すること、これまでも考えてきたことだが、二〇一一年三月十一日を境にそれへの挑戦の気持を新たにした。より正確に言うなら若い人たちに挑戦して欲しいという期待が大きくなった。（『小さき生きものたちの国で』青土社）

試験問題は「黒田先生が一番伝えたかったのは『カルチベートされた人間になれ』ということであり、そういう人間はどんな人かを後の文章から探そう」となっています。実は試験問題に答えるのが一番難しいのは著者自身だと言われており、この場合もまさにそうです。お相手は黒田先生であり、それを通して語っているのは作者の太宰治ですから緊張します。試験で〇がいただけるかどうかは別として自分の気持ちを書こうと決め、「想像力を豊かにして新しい文明を創造する人」を選びました。

文明の創造はとても大きなことで、私のような凡人が一人でできることではありません。でもそれは一人一人の暮らし方からしか生まれないことも確かであり、自分の暮らし方をよく考えることは誰にでもできるのではないでしょうか。そして学校で勉強するのは、それができるようになるためだと、黒田先生はおっしゃっています。私もそう思います。

孫世代に伝えるべきこと

先生はお別れをして戦争に行ったのではないか。太宰の文にはそう書かれています。戦場におもむく若い先生が子どもたちに残した言葉だと思って読むと、ここに書かれた言葉の一つ一つが心に響きます。そして、今私が「勉強は何の役に立つの」と聞かれたら、「きちんと勉強すれば戦争は本当にバカバカしいことだ、決してやってはいけないということがわかるはずだと思うの」と答えようと思います。

この章は孫の世代を思いながら書きました。子ども世代とはある程度、時代を共有しています。戦争を本当に体験したのは私の親の世代であり、私は戦場は知りません。でも小さい子どもとして戦争が日常生活をどれだけ壊すかということは身に沁みています。私の子どもの世代の日常に戦争はありません。沖縄に暮らしていたら違うでしょうが、困ったことにそれ以外の場で暮らしていると実感は難しいのです。同じ日本で生きているのに、このような事態になっているのを放っておいてはいけませんね。

世界を見れば争いは絶えません。本格的な国と国との戦争は事実上もうできないでしょうが、それで戦争がなくなるかといえばそうではありません。内戦は身近な人との戦いであるだけに、より厳しいものとなり、辛いです。戦争については考えなければなりませんし、その時、太平洋戦争での私たちの体験はやはり若い人たちに語らなければいけないと、とくにこの頃強く感じます。子どもでしたから小さな体験ですが、その時の私と同じ年齢の子どもに伝えるのはとくに大事と思えます。

最近は、新型コロナウイルスのパンデミック、異常気象など、人間同士の戦いではありませんが、私たちの生き方に関わる難しい問題に向き合わなければならなくなりました。これをウイルスの撲滅とか自然の征服というように戦いと受け止めている人がいますが、自然は私たちを含んでいるものであり戦う相手ではありません。その中で上手に生きる方法を探さなければならないのです。ここにも今よりは自然と接することの多かった私たちの世代の体験を伝える役割があるように思います。小さな人たちの未来が幸せであるように願いながら、私たちが小さかった頃の体験を話してあげることは大切です。できれば樹かげや日だまりでゆっくりお話ししたいですね。

3章

老い方上手な人たち

バトンをつなぐということ

尊敬する先達
志村ふくみさんの言葉

自然に生きるということ

「老いる」と聞くとなぜか「衰える」を連想してしまいますが、実際には年を重ねているわけです。一年一年を過ごす中で、見たり、聞いたり、触れたりとさまざまな体験をしますので、そこから得た知恵が体の中に入っているはずです。ここで強調したいのは、知識ではなく知恵が体のあちこちに存在するようになるという感覚です。これは年をとることでしか手に入らない喜びなのではないでしょうか。こちらに目を向ければ、衰えるではなく、豊かになると言えましょう。私がお目にかかった方や直接は存じあげないけれどもニュースで知った方など、これまで接してきた方の中には上手に年齢を重ねていらしたなあと思う方がたくさんいらっしゃいます。いつまでも若々しくて年齢を感じさせないというのではなく、むしろ上手に老いていく姿がとても魅力的でいいなあと思うのです。自然体ですね。年をとることを意識しすぎて年寄りっぽくなってしまうのでもなく、そうかと言って年を忘れているのでもない……まさに自然に生きるというのがピタリと合う、そういう方です。

二五年ほど前にお目にかかってそう感じたのが染色・織物で人間国宝の志村ふくみさんです。初めてお目にかかった時の私は六十歳になったところでした。志村さんはちょうど一まわり上ですので七十代に入り、白髪をゆったり後ろに詰め、紬(つむぎ)の着物をお召しになっていらっしゃる様子をすてきだなあとうっとり眺めたのを思い出します。

工房にお邪魔したので周りにはさまざまな色の糸がありました。楓(かえで)や桜の枝からえもいわれぬ優しいピンク色をそっと取り出して染めた糸で織られた布は、人間の力だけではつくり出せない美しさを見せてくれます。

そっと手を貸す

志村さんの言葉です。

「空や海、虹や夕焼けの色は、ものに付いているものではないから手で触れることはできません。葉っぱや大地は色がものになりきっています。私の仕事はこの中間にあってものの中にある色が溶けこんできた液体を用いて糸を染めるのです。色が出てくる時に、パッと手を添えてそのお手伝いをしているのです。出しゃばると色はそっぽを向いてしまうんです」

（生命誌研究館ホームページより要約）

すてきだと思いませんか。自然の色が出てきて糸に入っていくのをお手伝いする。このお手伝いはとても大事なのだけれど、出しゃばって私が染めてるんだと思ったらうまく染まりませんとおっしゃる、長い間の経験を踏まえた言葉には説得力があります。

自然をよーく見てここぞというタイミングでお手伝いするのが人間の役割で、だからこそ人間は美しいものや美味しいものを楽しめるのですね。ただし、この時に私がやってやるというのはダメで、あくまでも謙虚でなければならないのです。染色だけでなく、お料理も子育ても、花の手入れもみんな同じではないでしょうか。
そもそも現代文明は、自然を思いのままに利用しようとしたところに間違いがあったので、自然の力を信じ、そっと手を貸す気持ちが大事なのはすべてに通じることでしょう。

志村さんとお話をしていて驚いたのは、緑色は一つの植物では出せず、青と黄色を混ぜ合わせてつくらなければならないということです。自然は緑だらけですのに染められないってふしぎですね。藍染をなさる方はご存じでしょうけれど、藍がめにつけた布や糸を引き上げると瞬間緑色になりますね。でもあっという間に青になってしまう。自然の中に満ちている緑が染色では出せないのです。

志村さんは「光が形を変えた色を無償で私たちに与えてくれる植物は、人間よりも格上で位の高い存在ではないかとすら思います」と語り、いつも植物の「命をいただく」「色をいただく」とおっしゃいます。その色は「それぞれの木や草でみんな違い、同じ木でも幹と根では違い、本当に多様」だとも教えて下さいました。色だけ見ても生きものの世界は多様そのものなのです。

緑の葉はたくさんあるのに緑色が出ないというだけでなく、桜の花のようにピンクに輝いているところからピンクはとれないというのも興味深いお話でした。自然って本当に面白く、学ぶことがたくさんあります。

「私は貧しいのではありません。質素なのです」
——ムヒカ大統領

生きものを知るほど楽しくなる

一九九二年にリオデジャネイロで開かれた地球サミットでの日系四世、セヴァン・スズキの話は前章で紹介しました。十二歳の女の子が、「今の大人たちの暮らし方を見ていると、私たちが大人になるまでに地球が暮らせない場所になってしまうのではないかと心配になる」という気持ちを率直に語るのを聞き、なんとかしなければと思ったことを今も覚えています。私は私なりにそれにこたえようとしてきたつもりです。

というより、私は生きものの研究が仕事ですので、「人間は生きものであり、自然の一部です」という言葉がいつも頭の中にあり、自然を生かして暮らすのが気持ちよいのです。たとえば、台所の生ゴミは庭の隅につくった落ち葉溜めに埋め込んでいます。こうすれば、生きものだった野菜くずはそのまま自然に戻れるからです。自然には原則ゴミはありません（ゴミの話は4章でします）。生きものの研究に関わってきて本当によかったと思うのは、生きもののことを知れば知るほど、自然を生かして生きるのが楽しくなってきたことです。このような文を書くのも、この楽しい気持ちをできるだけたくさんの方と共有できたら暮らしやすい社会になりそうな気がするからです。これが今一番願っていることです。

たまたま科学を勉強しましたので、生きものについて話す時にどうしても細胞とかDNAなどという言葉を使うことになりますが、この見えない世界を感じることができるようになると、生きるのが楽しくなること請け合いですので、拒否せず時々その話も聞いて下さい。

小さな国からのメッセージ

話を地球サミットに戻します。実はセヴァン・スズキのスピーチから二〇年後、同じリオデジャネイロで開かれた会合で一人の大人がそれと同じようなスピーチをしました。子どもではないけれど、とても小さな国の人というところが、今の世界を動かす中心にいる人たちとは違う考え方ができる理由かもしれません。ちょっと子どもに近い面があるのではないでしょうか。いわゆる弱い人の仲間という点で。子ども、女性、老人、障害者、貧しい人などなど……社会で弱者とされてきましたけれど、社会にはこういう人が大勢います。私も女性の老人ですから充分この仲間です。それを弱者と呼んで、いかにも役立たずのように扱っていたら、社会は成り立ちませんよね。

実は生きものを見ていると、弱いからこそみごとに生きるという面が見えてきますので、これも後ほど聞いていただきたいことです（一三三ページのコラム3）。今回は予告篇が多くて、なかなか本題に辿りつけませんね。ついでに申し上げるなら、このムダが多いというのも、生きものの世界ではとても大切なことなのです。もう一つ予告が増えましたのでコラム4に書きましょう（一三六ページ）。

こんなことをしているとまさに「キリがありません」から、本題に戻ります。

二〇一二年の地球サミットで、セヴァン・スズキや最近登場してたくさんの発信をしているグレタ・トゥンベリと同じことを大人の言葉で語ったのは、ウルグアイのムヒカ大統領です。「無限の消費と発展を求める社会は、人々も地球も疲弊させます。発展は幸福のためになされなければならないのです」というのがスピーチの趣旨でした。本質をついていますね。これだけ大事なことをキッパリと言う男性がいることにちょっと驚きます（逆差別と言われそうですが、男性は社会での地位を気にしてホンネをあまり言わないのは事実です）。

ムヒカさんは、このスピーチの中で「私の国は三〇〇万人ほどの国民しかいません。しかし世界で最も美しい牛が一三〇〇万頭、ヤギも一〇〇〇万頭近くいます。領土の八〇％は農地です」と語っています。この言葉の裏には、皆さんこの数字を聞いて後れた国だとお思いかもしれませんが、どうしてどうして、このような暮らしは悪くありませんよというメッセージが込められていると、私は受け止めます。小さな国だからこそはっきりとものが言えるのでしょう。

「貧しさ」にもいろいろ

私がムヒカ大統領を知ったのは、一緒に仕事をしていたイラストレーターが、こんなのつくりましたと言って見せてくれた『世界でいちばん貧しい大統領からきみへ』(汐文社)という絵本を通してでした。絵本の主人公が、二〇一〇年三月から五年間ウルグアイの大統領であり、先ほど紹介したスピーチを行ったホセ・ムヒカさんだったのです。ムヒカさんは、月一〇〇〇ドル、つまり一〇万円ほどで暮らしているのだそうです。ウルグアイの物価は知りませんが、いくら小さな国だからと言って、大統領が月一〇万で暮らしているなんて考えられませんが、とても楽しい日々のようです。

ホセ・アルベルト・ムヒカ・コルダーノという長い名前のこの方、一九三五年生まれとのことですので、私とまったく同世代です。国は違っても子ども時代を第二次大戦が行われていた世界の中で過ごしたことなど、同世代であるとどこかに共通点が見出せるものです。「貧しさ」はその一つです。誰が貧しいというのでなく、社会全体が貧しいという体験です。

私の場合、太平洋戦争末期に暮らしていた東京に米軍機が爆弾を落とし始め、子どもたちだけ先生と一緒に田舎へ移る、いわゆる集団疎開が今も心に残る体験です。小学校三年生の時でした。この時の記憶といえば、まず毎日お腹が空いていたなあということです。おやつはふかしたサツマイモの小さな一切れ、情けない話ですが、隣のお皿にのっている方が少し大きいなと思いながら、一切れを大事に食べました。家に帰りたいと思っても、みんなが我慢している時にそんなことは言えません。「今日は家に葉書を書きましょう」と先生がおっしゃると、必ず「毎日元気にしています」と書いていました。食べものが欲しいとか、さびしいなどと書いたら、先生が直しましょうとおっしゃるのはわかっていましたから。

その後家族が愛知県に疎開しましたので私もそこに移り、小学校四年生の時に敗戦となりました。東京に戻れたのは中学一年生の時です。戦後二年経ってもまだ社会は貧しいままでした。たとえば運動靴がお店にはなく、少しずつ学校に割り当てられるのです。一年生の時は五〇人近いクラスに二足が割り当てられ、くじ引きをしました。ただ、このような、ひもじかったり学用品が充分でなかったという生活を悲しんでいただけかというと、そんなことはありません。子どもとしてやることはたくさんあります。毎日石けりやなわとびを楽しみ、元気に遊んでいました。客観的には貧しい状況であっても、みんな同じなのですから気持ちは暗くはありませんでした。

言葉は難しいもので「貧しい」というたった一つの言葉にもさまざまな意味が含まれています。新学年になったらクラスのみんなが新しい運動靴をはいているのに自分だけ買ってもらえないような貧しさは、厳しいですね。社会がどうあって欲しいかという願いを書き出したらいくらでもありますが、最も大事なのはこのような形の貧しさをなくすことではないでしょうか。豊かさの中の貧しさは厳しく、辛すぎます。

「世界一貧しい大統領」

そこでムヒカ大統領に戻り、「地球サミット」でのスピーチに耳を傾けましょう。要旨をまとめます。

「この会で話されているのは、持続可能な発展と世界の貧困をなくすことです。でも今富んでいる人々と同じように世界中の人がなれるだけの原料は、地球にはありません。残酷な競争で成り立つ消費主義社会では〝みんなの世界をよくしていこう〟という共存共栄はできません。人類は消費社会にコントロールされています。命よりも高価なものは存在しません。それなのに私たちは、高価な商品やライフスタイルのために人生を放り出しているのです。過剰な消費が世界を壊しているにもかかわらずです。ギリシャやローマの哲学者も南米の先住民族アイマラ族も同じことを言っています。『貧しい人とは少ししかものを持っていない人ではなく、無限の欲があり、いくらあっても満足しない人だ』と。発展は幸福の対局にあってはなりません。発展は本当の幸福をめざすものです。愛、人間関係、子どもを大切にすること、友達を持つこと。そして最低限のものを持つことです。幸福が私たちにとって最も大切なものなのですから」

ムヒカ大統領は月一〇〇〇ドルで暮らしていると書きましたが、それ以外の給料は寄附をしているとのことです。大統領公邸には入らず首都郊外の質素な住居で暮らし、個人資産は一九八七年製のフォルクスワーゲン（ビートル）とトラクターと農地だとあります。自作の野菜を食べて暮らすという、およそ権力者とは遠い存在です。そこで「世界一貧しい大統領」というレッテルが貼られることになったのですが、御本人は「自分は貧しいとは思っていない。いまあるもので満足しているだけなんだ。私が質素でいるのは、自由でいたいからなんだ」と言っています。そうか、質素か、なるほどです。しかもそれで自由が手に入るのですから、なんとすばらしいではありませんか。最近のニュースではお金や地位を求めて阿（おもね）る人ばかり見せられている気がします。自由な発想で本当に大事なことができる社会でありたい。そのためにもここで語られている自由が広がって欲しいものです。

　地球サミットでのスピーチでは、貧しいという言葉から通常思い浮かべる意味は間違っていると指摘されています。本当に必要なものが手に入らない状態に置かれる人がない社会を求めることはもちろん大事なのですが、そのために必要なのは「いつも、もっともっと欲しいという状況にある貧しさから皆で抜け出すことなのだ」。ムヒカさんはこう言っています。とくに富裕層の人がまだまだ欲しいとやっていたのでは、地球がもたないでしょう。実際には、それをやっていますね。今最も大きな問題はそこにあるのです。

「質素」が好き

ムヒカさんはここで「質素」の意味を示します。「やたらにものを欲しがるのではなく、皆の幸せを考えて、質素を楽しんでいるんですよ、私は」と。そして、「皆さんもそうしませんか。そうすれば必要なものが手に入らない貧しさから抜け出せる人が増え、地球も美しい星になるでしょう」と誇ります。

「質素」と改めて書いてみると、何かとても魅力的に見えます。私が愛用している辞書『新明解国語辞典』にこうありました。「(いざという時の入費に備えたり、困難にうちかつ精神を養ったりなどするために)むだを省き、簡素な生活を方針とする様子」。精神の養いまで含まれるんだと感心しながら、「質素が好きなんです」と言って、休日には農作業に励む大統領の姿を思い浮かべました。

皆がこのように暮らし始めたら、社会から「貧しさ」が消えて、地球も緑豊かな星となり、人間も他の生きものたちも気持ちよく生きられるようになるのではないでしょうか。セヴァンさん、グレタさんの笑顔が見られそうです。改めて書きます。貧乏でなく質素です。ムヒカ大統領と同じところまではちょっと無理かなと思いますが、私も同じ世代ですから基本は質素です。

コラム3
弱いからこそみごとに生きる

生きものの世界の話をする時によく話題になるのが「進化」です。そして、進化の中で生き残るにはどんな存在であったらよいのだろうと考えて、強くなければいけないとか適応力がなければいけないなどと、あれこれ模索されてきました。

でも、それを考える前にちょっと知っていただきたいことがあるのです。ここで大事なのは「進化」とは何かです。八一ページの生命誌絵巻がそれを示しています。三八億年ほど前に海で生まれた祖先細胞（扇の要のところにいる）が進化をしてさまざまな生きものになっていきました。多様化したのです。その結果でき上がった現在の状況が扇の天、つまり一番上のところに描いてあります。バクテリアもキノコもヒマワリもイモリもイルカもヒトも……。進化はさまざまな生き方を手に入れて、さまざまな生きものたちが存在する状態であって、一本の線に沿って強さや適応力を競うものではありません。イモリとヒトを比べてどちらが強いか、どちらが適応力があるかなどと比べても仕方がありません。イモリが眼や脚を失っても再生する能力には感嘆するほかありません。

弱いからダメというわけではない例として、私たち人間の歴史にもそのような面があったのではないかという説を今思い出しています。

今生きている私たちが大きな脳を有し、他の生きものにはない文化や文明を持つ生活をしているのは直立二足歩行をしたからだということはご存じですね。ではなぜ私たちだけが立ち上がったのでしょう。実は、まだよくわかってはいないのですが、最近、出されている私が好きな説があります。

ヒトの祖先はアフリカの森林の樹上でゴリラやチンパンジーなどと一緒に果物を主食として暮らしていました。ところが、ある時、気候の状況が悪くなり、豊かな森林が減り、果物の量も少なくなりました。森に暮らす動物たちの中で、あまり強くなかったヒトの祖先は端に追いやられ、果物も遠くまで探しに行かなければならなくなったのです。穫れた果物を子どもたちに持っていってやろう。そこで立ち上がって両手で果物を運ぶことになったのです。もちろん、実際に見た記録が存在するわけではありません。ただ、弱くて遠くまで行かざるを得なかった親が子どものためにと思ったことが、立ち上がるというまったく新しい能力を生み、それがさらなる展開につながったという話はいいなと思うのです。

弱いために生き方にいろいろな可能性が見えてくるのは、悪くないとお思いになりませんか。生きものにはさまざまな形での共生という生き方もあります。ここでの工夫にも面白いものがあり、生きる力はいわゆる強さではなく、さまざまな生き方の模索ではないかと思えてきます。私たちの日常でも、強さよりも工夫や模索の方が新しい生き方につながるのではないでしょうか。

コラム4
生きものはムダが大切

今の社会では効率よく結果を出すことが求められます。でも、生きものの世界は一見、ムダのように見えるものが大切という例がたくさんあります。

このところ新型コロナウイルスの感染拡大に悩まされており、とにかくワクチン接種だという声が聞かれます。ワクチンはウイルスに対する抗体をつくり、入ってきたウイルスが体の中で暴れないようにする役割をします。新型コロナウイルスだけでなく、私たちの身の周りにはさまざまな微生物やウイルスがいて、その中には病原性のものも少なくありません。

私たちの体は本来、それらが侵入してきた時にはその一つ一つに対応する抗体をつくって健康を維持する能力を持っています。免疫と呼び、抗体づくりに関する細胞が免疫細胞です。

ところで、私たちは毎日の行動があらかじめ決まっているわけではありません。いつどこへ行くか、誰と会うかわからない……ということはどんな異物がいつ入ってくるかわからないということでもあります。それに対応するにはどうしたらよいでしょう。異物が入ってきてからその抗体をつくるための免疫細胞をつくっていたのでは間に合いません。そこで体はあらかじめ、どんな異物が入ってきても大丈夫なように免疫細胞を準備しておくのです。ほとんどは目当ての異物が入ってこず、役に立たずに消えていきます。なんてムダなことをするのと問いただしたくなりますが、ここまでやって初めて体を守ることができるのでしょう。

こう考えると、これって本当にムダと言えるのだろうかと思います。安心して暮らせるためにはムダが必要ということでしょう。私たちの社会はあまりにも効率、効率と言いすぎて、ゆとりを失い、暮らしにくくなっているような気がします。本当の豊かさは、安心感を保証してくれるムダがあってこそ得られるものなのではないでしょうか。

この文を書きながら思い描いているのは、年を重ねた人はムダな存在ではありません、という社会です。本当の豊かさは赤ちゃんも、年寄りも、病人も、障害を持つ人も、みんながいてこそ存在するものですねと、生きものの世界が語っています。

「年取った人にも、その人なりの発見が必ずある」

（『どんな小さなものでも
　みつめていると
宇宙につながっている――詩人まど・みちお100歳の言葉』）

小さな宇宙

まど・みちおさん。もしこの名前をご存じなくても、童謡の『ぞうさん』や『一年生になったら』の作詞者と言えば、知ってる知ってるという方がほとんどなのではないでしょうか。百四歳で亡くなるまで詩をつくり続け、しかもその詩は、日常の中で小さなものをみつめてそこから新しいことを見つけていくところから生まれたものばかりです。読んでいると、どんなに年をとってもその人なりの発見は必ずあるのだというまどさんの言葉がその通りであることがわかり、明るい気持ちになります。百歳になって新しい本を出されるだけでもすごいのに、そのタイトルが『どんな小さなものでもみつめていると宇宙につながっている』（新潮社）なのですからなんと大きな方かと思います。

ご本人はいつも「僕は何にも知らないちっぽけな奴なんです」とおっしゃって、謙虚な態度を続けられました。私のような年下にもていねいに対応して下さり、名のある方として扱われるのを嫌がっていらっしゃる風がありました。本当の大きさとはこういうものだと思います。書かれた言葉を一つ一つ見ていくと、宇宙につながるという思いが次々と生まれ、身についていく様子が見えて、読んでいるこちらも広い宇宙につながっていく気持ちになれます。是非お読み下さい。

まどさんは、子どもの頃から引っ込み思案のところがあり、アリや花のおしべなど小さなものをみつめるのがお好きだったそうです。『100歳の言葉』の中に、なるほどと思わせる説明があります。

「小さいと、ひと目で全体が見えるから、そこに宇宙を感じていたのです」

そこにある写真の目の先にはドクダミの白い花が咲いています。確かにそうですね。私も小さなものが好きです。人間は、私にはこんな大きなものがつくれるのですよと競い合って、高層ビルを建てたり、大型ジェット機を飛ばしたりしてきました。今、ちょっと行きすぎて、自然からもう少し慎ましくしなさいと叱られているのではないでしょうか。

体が不自由になっても

小さなところにある美しさで思い出したのが、年に一度開かれる「日本伝統工芸展」（日本工芸会他主催）です。日常用いるものである小さな工芸品に作者が身につけた技術と心とが一体になって込められており、見ているとどの品も優しく語りかけてくれてときめきます。小さな花びらの一つ一つに込められた思いが伝わってくる桜模様の螺鈿の小箱の向こうに大きな自然、つまり宇宙が見えてくることもあります。時に掌の上に載せて見つめることができる作品に宇宙が広がる時、人間にはこんなことができるんだと誇らしくなります。

毎日の暮らしの中にある小さなものの向こうに宇宙を見たまどさんは、こう語ります。

「生まれたところだけがふるさとではなく、死んでいくところもふるさと。宇宙をふるさとにすれば、一緒のところになります」

このように言われると、心が広くなって穏やかな気持ちになります。年をとることも、死も、マイナスのイメージで語られることが多いのですが、まどさんのような気持ちになれたら、最初にあげた言葉のように、年をとっても毎日自分なりの小さな発見をして、いつまでも前向きに生きていけそうな気がします。体が不自由になって外出が難しく、部屋の窓からしか空を見ることができなくなったまどさんは、「こうやって見ると雲の動きがよくわかる」と気づくのです。外で広い空を見ていた時は雲がこんなに動いているとは思わなかったのに、窓で小さく切り取られた空は雲が流れていくのが見えて楽しいという発見です。そのような日常をちょっと言葉にしてみると詩になるんだよと教えられると、誰に見せるわけでもないのだから思いきって詩にしてみようかなという気持ちにもなります。こうなったらしめたものですね。

百歳の詩心と子どもの心

先日、買い物に行こうと外に出ましたら、門の前の道に座り込んでいる小さな男の子がいました。少し離れて置かれたベビーカーの脇で、若夫婦がちょっと困ったような笑みを浮かべながらその様子を眺めています。子どもの手にあるのは落ち葉です。私にとってはお掃除をしてもしても落ちてくる悩ましい相手でもある落ち葉を、小さな手で一つ一つ拾って、楽しそうに眺めているのです。一緒に座ってお話をしたかったのですが、お父さんお母さんに迷惑がられてもいけないので遠慮しました。あの坊やは何を見て、何を考えていたのでしょう。目がキラキラしていました。

新型コロナウイルスのパンデミックや異常気象に悩まされる日々が続いている原因の一つが、私たちが便利さを求めて急ぎすぎたことであるのは確かです。実は、ウイルスも気象も複雑でわからないところだらけです。ウイルスや気象だけでなく、自然はわかっていることの方が少ないと言ってもよいのです。それなのに私たちは、わかったところだけの知識で急速に新技術を進めてきました。
まどさんの『100歳の言葉』には、こんなものもあります。

（変わった色合いに紅葉した落葉を手にして）
そうかあ、この葉っぱには、
こうなる理由があったんだな…。
——その理由をみつけたくて
書くのが、
「詩」なんです。

ベビーカーを降りて落ち葉を見つめていた男の子も、同じだったのではないでしょうか。まだ話せる言葉が少ないので、「理由」などとは言わないでしょうけれど、自然のふしぎ、自然の大きさを感じとる点では、百歳の詩人と同じです。百歳の詩人が子どもの心を失っていなかったとも言えますね。

可愛くてならない目

今私たちが向き合っている困難を乗り越えられなければ、子どもたちの未来がないかもしれないという厳しさを感じます。さあどうしましょう。この問いへの答えは、私たち大人が子どもたちに学び、子どもたちと同じく自然に素直に向き合う気持ちを持つことから得られるのではないでしょうか。こうして年寄りは子どもにつながり、死ぬところは生まれたところにつながっていくのかもしれません。
そんな気持ちを思わせる詩を紹介します。

人間の目
よちよち歩きの小さい子たちを見ると
人間の子でも
イヌの子でも
ヤギの子でも

どうしてこんなに　かわいいのか
ひよこでも
カマキリの子でも
おたまじゃくしでも
ほほずり　させてもらいたくなる
ほんとに　どうしてなのか
生まれたての　生命（いのち）が
こんなに　なんでも
かわいくてならなく思えるのは

いや　こんなに
かわいくてならなく思える目を
私たち人間がもたされているのは
ああ　むげんにはるかな宇宙が

こんなに近く　ここで
私たちに　ほほずりしていてくれる
お手本のように！

（『まど・みちお　人生処方詩集』平凡社）

「かわいくてならなく思える目」を持たされているのは、まどさんだけではありません。自然は私たちの誰もにそういう目を与えてくれているのです。自分の孫やひ孫はもちろんですが、小さないのちのすべてに皆が優しい目を向けたら、私たち自身が生きるのが楽しくなるに違いありません。

4章 大地に足を着けて生きよう

生命誌からのメッセージ

ここまで日常の暮らしをめぐって思うことを書いてきましたが、「生命誌」という生きものに目を向ける仕事をしてきたためのものの見方は、どんな小さなところにも出てしまいます。生きもの、人間、自然です。

そこで今の社会で気になること、これからを生きる子どもたちにどんな社会を渡したいかと考えた時に浮かんでくることの中に、「戦争と平和」「環境（自然）」というテーマが自ずと入り込んできます。ですから、これまでもそれについて触れてはきましたが、ここで改めてこれらをより強く意識しながら、気になる言葉をとりあげていこうと思います。

「みんなが爆弾なんかつくらないで
きれいな花火ばかりつくっていたら
きっと戦争なんて起きなかったんだな」

――山下清

「魂を込めて」

今年（二〇二一年）は花火を楽しまれましたか。夏はやはり花火ですけれど、新型コロナウイルスの感染拡大で各地の花火大会の中止が続いていますので、残念な思いをしていらっしゃる方も多いことでしょう。私もその一人です。私の家からは幸い多摩川縁の花火を見ることができますので、窓を開けて音を楽しみながら夏の夕の一時を過ごすのを毎年楽しみにしているのですが。子どもたちが小さかった頃は江の島の近くに暮らしていましたので、毎年海岸まで出かけて花火を楽しんだことを思い出します。それぞれ、お住まいの近くで家族で楽しんだ思い出の花火大会がおありでしょう。

最初に紹介したのは、新潟県長岡の花火を見て、それをみごとなちぎり絵で表現した山下清の言葉です。子どもの時の病気の後遺症で軽い知的障害、言語障害がありましたが、見た景色を鮮明に記憶しており、それをちぎり絵やペン画で細部まで表現する能力に優れており、『長岡の花火』はその代表作です。

花火は、夜空に広がる光の美しさと共に音も大事ですね。パッと開いて少し間をおき、ドンと音がする。山下清の絵からは、そんな音や観客のどよめきが聞こえてきます。

長岡の花火は音楽と共にリズム感よく打ち上げられる美しさを毎年テレビで楽しんできましたが、これもこの二年中止となり、寂しい限りです。たまたまテレビで、このような困難の中にいる花火師さんたちが花火に込める思いを語っているところに出会い、何度も「魂を込めて打ち上げる」という言葉を聞きました。「花火がない長岡は長岡じゃないという、心の奥深くに入り込んだ文化なんです」という言葉もあり、じんときました。日本中、それぞれの地域にこのような文化があり、皆さん悔しい思いでいるのだろうと想像させる言葉です。

魂という言葉、この頃あまり聞かなくなりましたが、一人一人の心の奥深くでのつながりを感じさせるよい言葉ですね。コロナ禍も含め、さまざまな災害に見舞われた今年、大勢の観客を集めることはできないけれど、一人一人に思いを届けたいと復興と平和を願って花火を打ち上げる姿を見て、地域の力を感じました。「花火ばかりつくっていたら、きっと戦争なんて起きなかったんだな」。まさに山下清の言葉通りですね。

アール・ブリュットの魅力

実は最近よく「アール・ブリュット」という言葉に出会います。フランス語で「加工されていない芸術」という意味で、具体的には「専門的な芸術教育を受けていない人の作るアート」をさします。流行など、外からの影響を受けずに内から湧き出すものを素直に表現するという点が評価され、競争社会である今注目されているのです。とくに知的、精神的障害のある方の作品にすばらしいものが見られることに気づいた方たちが、積極的にその紹介に努めておられます。山下清はその先駆けと言えます。

私も最近画廊や美術館、雑誌などでアール・ブリュットに接する機会が多くなりましたが、色づかいがとても鮮やかなもの、大胆な描線が力強く語りかけてくるものなど、魅力的な作品がたくさんあります。緻密に建物の姿が描き出された街や色とりどりの花が咲きほこる風景には心が安まります。障害者の作品として見るのでなく、そこに花火師さんが語っていたのと同じように魂が込められており、それが語りかけてくれるところに惹かれて観ています。

そういえば、宮城まり子さんは早くから障害のある子どもたちのための「ねむの木学園」で絵を描くことを大事にしてこられました。一度伺いましたが、そこで暮らす人々にも作品にも優しさが溢れていて、気持ちのよい一日だったことを思い出します。子どもたちが描く絵を「いいなあ」と目を細めて見ているまり子さんが、まさに「いいなあ」という存在で輝いていました。子どもたちの面倒を見ているとは思っていらっしゃらないのですね。一緒にいることを楽しんでいますというメッセージが体から溢れ出てくるようで、小柄な体がとても大きく見えてきました。折を見つけて、アール・ブリュットに触れて下さると、人間の持つ力のすばらしさが見えてくるに違いありません。

火薬は美しいものに使おう

合理性で動いている現代社会であり、私も科学という分野で勉強したものですから、理屈で考えることが大事と思ってきた……というより思わされてきましたが、この頃は、本当に大事なのは自分に素直になることだと思うようになりました。そして、魂を込めてとか魂に語りかけるということが大事に思えてきました。魂とは何かなどと面倒なことは言いません。先日も魂などと言うと非科学的と言われるんですとおっしゃった方がいましたが、何でも科学でわかるものではありません。魂は科学とは無関係だと思います。これは年齢を重ねてわかるようになったことの一つであり、年をとるのも悪くないなと思うことです。

まず、花火と素直な芸術作品について語ってきましたが、山下清の言葉で大事なのは戦争です。花火師さんも花火を描いた山下清も私も思いは同じ。火薬はこんなに美しいものを生み出し、皆の心を美しくして平和に向ける力があるのに、それを兵器に使うなんてとんでもない。

ノーベル賞を生んだアルフレッド・ノーベルは、自分の考え出したダイナマイトが破壊にも使えることに気づき、そうでない使い方をする社会をつくるために努めた人に賞を贈りたいと考えたのでした。その思いを汲んでのことでしょう、途中からは平和賞も創設されました。

戦争は、必要悪として認めるのが大人の判断のように言われます。もっともそんな大人たちも、戦争抑止の努力は必要と認めます。ところが抑止力として最も有効なのが武器であり核兵器こそがその最たるものとなると、ちょっと待って下さいと言いたくなります。普通の暮らしが好きで、争いを好まない私には理解できない理屈です。大人ならわかりなさいと言われても、戦争を必要として認める答えはどうしても出てきません。

私の頭で考えた答えは一言で言えば「戦争はバカバカしい」です。今地球環境問題が大きな課題になっていますが、戦争は二酸化炭素を大量に出します。これだけからも、「今戦争をやっている暇はありません」ということにならないでしょうか。

人間の歴史は戦争の歴史だと言ってもよいのは確かですが、だからと言って戦争はなくてはならないと決めることはないでしょう。気をつけていると、このような声はさまざまなところから聞こえてきます。その中からちょっと意外な人の言葉を引用しながら、戦争の問題をさらに考えていきます。

「永遠平和のために」カント
「武器ではなく水を送りたい」中村哲

永遠平和を「できる」と断言

本棚に、『永遠平和のために』（集英社）というブルーの表紙の見かけは可愛い本があります。著者はカントです。この名前は聞いたことあるなとお思いでしょうか。ドイツの哲学者です。と言っても、私が知っているのは、最も有名な著書が『純粋理性批判』であるということくらいです。この本をパラパラと開いたことはありますが、もちろん（と威張ることではありませんが）、きちんと読んではいません。とても難しい本ですから。

ところが、ここにあげた『永遠平和のために』は、ドイツ文学者の池内紀（おさむ）さんがとてもわかりやすく翻訳して下さいましたので、私にも読めました。しかも楽しく。平和について書いてある本はいくつもありますが、「永遠平和」という言葉はあまり使われていません。それだけに、楽しく読んだとは言いながら、ズシリと重いものを感じました。

カントは、人間は通常は戦う状態にあるというのです。いつも戦いたがっているということでしょうか。私は、そうではないと思う気持ちを強く持っていますが、確かに周囲にはそのように見える人たちがいます。ここはまず人間について深く考えているカントの言葉に耳を傾けることにします。

カントは、人間は放っておいたら戦うような存在なのだから、世界が平和でありたいと願うなら、かなりの決心をして皆で約束をし合わなければならないと言います。しかもその時の約束は、とにかく今は平和にしましょうではダメで「永遠平和」でなければならないと言うのです。戦争をしていた者同士が、お互い疲れ果ててこの辺で戦争はやめようという約束事をしたことはこれまでも何回もあります。一見平和になったように見えます。でもそれはいつも一時的なもので、また戦争を始めるのです。こうしてこれまで戦争はなくならずに来ました。だから、戦争がなくなるはずはない。そう考えてしまう人がいるわけでしょう。

でも、カントはそうは言いません。ただ、平和を求めるのであれば「永遠平和」の約束をしなければならないと言います。平和だって難しいのに永遠平和なんてとんでもないことを言われても困ると考えてはいけません。カントは、それはできるというのです。この、「それはできる」という断言がとても大切です。

競争より共生

私はそもそも競争が苦手なので、戦争は大嫌いですし、人間は本来戦うようにできているとは考えたくないと思いながら暮らしています。そして、私のような考え方だってあると思っています。でも実際の社会を見ていると、競争好きで特別に阻止をしない限り戦争に向かおうとする人が少なくないことは確かです。そういう人たちは、平和なんて口先だけのことだと言い、時には平和を求める人を平和ぼけなどと言ってバカにします。平和というありもしない理想を望んでも社会は動かないというのがその人たちの考え方です。

確かに、これまでの人間は戦いばかりしてきました。世界中のどの地域の歴史を見ても、戦いの連続です。日本ももちろん例外ではありません。ただ、平安時代、江戸時代、太平洋戦争の敗戦から今までの日本は、世界でも珍しく戦いのない時を持ちました。この国は本来平和が好きな人々の暮らすところのはずだと私が思うのもこんな歴史があるからです。戦いを好まない穏やかな性質は、美しい四季がある自然によって育てられたに違いないとも思っています。この気持ちを世界に向けて発信できるのが日本人のはずです。生命誌という仕事もその気持ちで進めています。

生命誌は、私たち人間が生きものであり、自然の一部であることを基本にします。そして、生きものの世界は、競争を生き残りのための最もよい手段にはしていないことがわかってきています。競争より共生の方が生きものの世界の実態に合っているのです。ただし、共生は、ただ仲良く生きるという意味ではありません。共に生きる方が生き残りやすいので、その生き方が選ばれたという場合が多いのです。戦いばかりしていない生き方が選ばれているわけです。この事実を知った以上、これまで戦争をしてきたかどうかにかかわらず、人間は戦争をしない存在として生きていくことが一番よい生き方だという答えを出してもよいのではないでしょうか。

生命誌の基本に科学を置いているものですから、難しいと思われてしまうのが辛いのですが、そんなことはありません。「地球上の生きものは一つの祖先から生まれた仲間で、人間はその中の一種だ」ということ、しかも人間は世界中の人すべてが一種、つまり同じ祖先から生まれていること。大事なのはこれであり、そんなに難しいことではありません。この事実を知った以上、世界中の人が同じ祖先を持つ仲間なのだからわかり合えないはずはないと思っておつき合いをするのがあたりまえでしょう。ちょっとした小競り合いは仕方ないとしても、本格的殺し合いはもうあり得ないはずでしょう。

カントの本に「殺したり、殺されたりするための用に人をあてるのは、人間を単なる機械あるいは道具として他人（国家）の手にゆだねることであって、人格にもとづく人間性の権利と一致しない」という言葉があります。とても本質的だと思い、何度も読み返しています。人間は道具なんかじゃないと思いながら。

武器ではなく水と食べ物を

カントは言葉で平和の本質を語ってくれていますが、それを行動に移しているのが、パキスタン、アフガニスタンの人々を支えるお仕事をなさった中村哲医師ではないでしょうか。水が大切というところで登場していただきましたが、戦争について考えるにあたってまた大事な方として頭に浮かびました。第二次大戦後、国と国とが宣戦布告しての本格的戦争は起きていません。起きていないというより、核兵器を持ってしまった人類は、戦争をしたら破滅するしかなく、戦争はできなくなったのです。それでも、いわゆる内戦は後を絶ちません。アフガニスタンにも米国の軍隊が入り込みました。そこに暮らす人々にとっては、本格的戦争であろうとなかろうと頭の上から爆弾が落ち、家族のいのちが奪われることに変わりはありません。

武器を持って戦うこと自体嫌悪すべきことですが、近年は、戦場で戦士が戦うだけではなく、普通に暮らしている人のいのちや生活を奪うのですから本当にひどい話です。しかも最近はドローンを使い、無人で爆弾を落とすというとんでもないことまで行われているのです。こんなことってありでしょうか。とにかくやめて下さいと声を出さずにはいられません。

そんな中で困難に直面している人を助けるのは水と食べものだということに気づき、

その支援を続けてこられたのが中村哲医師です（五一ページを参照）。生きものという視点で考えてきた私にとっては、「武器でなく水と食べもの」という発想は本当にすばらしく尊敬します。残念ながらいのちを落とされましたが、その思いは「ペシャワール会」の方たちが受け継いでいますし、中村医師の活動は今も多くの人の心に残っています。「水は善人と悪人を区別しない」という言葉の大きさには、強く胸を打たれます。このように語りながら黙々と用水路をつくり自分たちで食べものを生み出せる社会づくりに貢献なさった姿は、まさに永遠平和の実現への具体的な姿です。

アフガニスタンで日本人と名乗ると、すべての人が「カカ・ムラド（中村医師の愛称）」と言って笑顔になるとのこと。すべての人を信じ、すべての人がよく生きることを願って地道にお仕事を続けられたからこその人々の反応でしょう。まさに善悪を超えての尊敬を引き出したすばらしい方です。

爆弾を積んだドローンやミサイルを飛ばすために知恵とお金を使うのでなく、中村医師のような活動の支援こそ大事だとは誰もが思うことではないでしょうか。「平和なんてたわ言、現実を見ろ」と偉そうに言う人の言葉ではなく、中村医師の言葉に耳を傾けましょう。そして、難しいと逃げ出さずに、カントの言葉も噛みしめたいと思います。年をとると、耳の聞こえが少しずつ悪くなるのは仕方のないことです。でも、真剣に耳を傾ければ大事な声はまだまだ聞こえます。若い方たちが、大事なことは大声で言って下さればありがたいことこの上なしです。

自然界にゴミはない

ゴミって何だろう

3章のムヒカ大統領のところで「自然には原則ゴミはありません」と書いて宿題にしていましたので、これを説明しなければいけませんね。ゴミとは何か。普段何気なく使っている言葉も、改めてそれについて書こうと思う時は、辞書を引くことにしています。いつもの『新明解国語辞典』には、あっさり「用が終わってもう捨てられるだけのもの。捨てられたもの」とありました。ついでに（こう言っては失礼ですが）『広辞苑』を見ると、「物の役に立たず、ない方がよいもの。ちり、あくた、ほこり。また、つまらないもの」とあって、事例に「社会のごみ」とありました。

両方を見て思い出したのは、２０２０東京オリンピック・パラリンピックの時に、大会関係者のために用意されたお弁当が大量に廃棄されるという問題が起きたことです。無観客になったのでボランティアの数が激減したためであり、大量の注文のキャンセルは難しいのでこのようなことになりましたと説明されました。大きな会の運営は難しかろうとは思います。とはいえ、心を込めてつくられた食べものをあっという間にゴミにしてしまうのはどうでしょう。なぜお弁当として生かす方法を何とか探ろうとはなさらなかったのでしょう。頭はこういう時にこそ使うようにと与えられているのではないでしょうか。心は、食べられるものを捨てると痛むものなのではないでしょうか。

　ゴミの意味が「用が終わって捨てられたもの」とあることを考えたら、「食べられていないお弁当」は決してゴミではありません。でも「物の役に立たず、ない方がよいもの。つまらないもの」という意味に目を向けると、この時のお弁当担当者はそのように見たのかもしれません。目の前に食べる人がいないのですから「役に立たず」、しかも不要な大量のお弁当を頼んだのは褒められたことではないとわかっているので、目の前から消えて欲しかったでしょう。こうなったらゴミです。

　でもちょっと視点を変えれば、今お弁当があったら助かる人がそれほど遠くないところにたくさんいるはずです。美味しく食べて欲しいと思ってつくった人のこと、コロナ禍もあって食事ができずにいる子どもたちのことを思い出せば、なんとか捨てずに美味しいお弁当として役立てようと努力したはずです。ゴミはあるものではなく、私たちがゴミにしてしまうのだということに気づき、できるだけゴミにしない暮らし方をしたいものです。

落ち葉はゴミじゃありません

「ゴミとは何か」が見えてきたところで、おそらく気になっていらっしゃるであろう「自然界にゴミはない」という言葉を説明しましょう。

一言で言うなら、「自然界は循環でできている」のです。春になって近くの公園に行くと、冬の間寒々とした姿で立っていた樹々の枝に薄い緑の葉っぱが出ていますね。夏には緑が濃くなり、しかも葉っぱがぐんぐん増えてこんもりしてきます。これでもかというほどに繁った樹の間を通る時は、その力に圧倒されて少し恐くなることさえあります。でもその緑の間から吹く風はさわやかで、車の走る表通りとは違う空気が流れているのを感じ、ほっとするのも確かです。そして秋……葉は黄色くなって落ち始めます。木にとってはもういらないもの、「用が終わって捨てられたもの」ですから、木の立場だけで見るなら「ゴミ」です。

1章で落ち葉掃きのことを書きました。庭に葉が落ちると、庭が汚れた気がして、とくにお友達が遊びに来る前などは念入りにお掃除します。「キリがありませんね」と言いながら。落ち葉掃きの話の時には書きませんでしたが、庭には落ち葉溜めがあります。そこに集めておくと、自然に腐葉土になり、一年ほど経ったものを下から取り出し、庭に戻します。夏の間にカブトムシが育ったりもする楽しい場所です。自然の林なら、落ち葉はその場でまた土に戻ります。その土は次に育つ植物たち、つまり新しいいのちにつながります。いのちの循環です。自然は循環しているのです。

ところが、人間が間に入ると落ち葉がゴミにされてしまうことがあるのは、日常よく見られるところですね。街路樹などの葉が落ちたところは舗装道路ですから、放っておいたらいつまでたってもそのまま、なんとなく汚いですし邪魔です。ゴミとして集めて処理場に持っていく他ないので、都会ではそういう仕組みになっています。ゴミ処理場

落ち葉溜め

での可燃ゴミは、時に油も使って燃やされます。ここで出た熱で温水をつくり、皆のためのプールで活用するなどの工夫はなされていますが、問題は、エネルギーを使ったうえに、葉っぱが二酸化炭素になってしまうことです。こうして地球温暖化が進みます。私たちが身近な落ち葉を「いのちの循環」と見るか、ゴミと見るかということが、それが植物につながるか二酸化炭素になってしまうかの分かれ目になるのです。ここでのプラス・マイナスは大きいですね。

私の近所では、秋になると日を決めてボランティアが集まって落ち葉掃きをし、落ち葉溜めに運ぶという活動をしています。寒くなり始めて外へ出にくくなる季節に、仲間とお喋りをしながらの木々の間での作業は人のつながりをつくり、みんな毎年楽しみにしています。私が「人間は生きもの」と言い続けているのは、たとえば、落ち葉はゴミではありませんという気持ちを持っていますということなのです。

肥溜めの役割

科学の話になるので少し面倒と思われるかもしれませんが、生きものは循環の中にあるということを私が最も強く感じた、大学に入学して間もなくの体験を聞いて下さい。

今から六五年以上前のこと、当時の日本はまだ太平洋戦争の戦後から抜けきれない貧しさの中にありました。アメリカ映画を観て、電気冷蔵庫の中からジュースのびんを出しておいしそうに飲んでいる同世代の人たちが羨ましく、あんな風に豊かになりたいと思っていたのを思い出します。ですから化学を勉強して新しいものをつくり、皆が楽しく暮らせるようにしたいという願いが自然に生まれてきました。漠然とそんなことを考えて入った化学同好会で、先輩がこんなことを教えてくれました。「僕たちの体の中でも、さまざまな物質が化学反応を起こしているんだ。そこでどんなことが起きているかを研究する生化学について、最近すばらしい本が出たから読んでみないか」。

お台所にある塩も砂糖もお酢もみんな化学物質です。それが体の中に入ってさまざまに変化し、私たちの体をつくったり動かしたりする役割をします。そこでどんなことが起きているかについての研究が始まって間もない頃の話で、難しそうだなと思いましたが、とてもしっかりした先輩のお誘いなので、読書会に参加しました。

細かいことは書きません。一つだけ図（一七四ページ）を見て下さい。体の中で物質がお互いにどう関わり合っているかを示したマップです。一つの「●」が一つの物質で、それらがいろいろ変化して皆がつながり合っていることがわかります。大事なのは真ん中の円を含む濃く書かれた部分です。ここでは物質がぐるぐる回っていますから、どこにも廃棄物はありません。ここが中心になりますので、生きものの体の中では原則物質は循環していることになります。もちろん、食べものの中にある繊維など活用できないものも含めて、活用した最後に糞尿としての排泄はありますし、汗も出ます。それだけでなく、死んだ細胞は垢として除かれます。

でも、これらは即ゴミではありません。ついこの間まで（歴史は長いので百年ほど前は

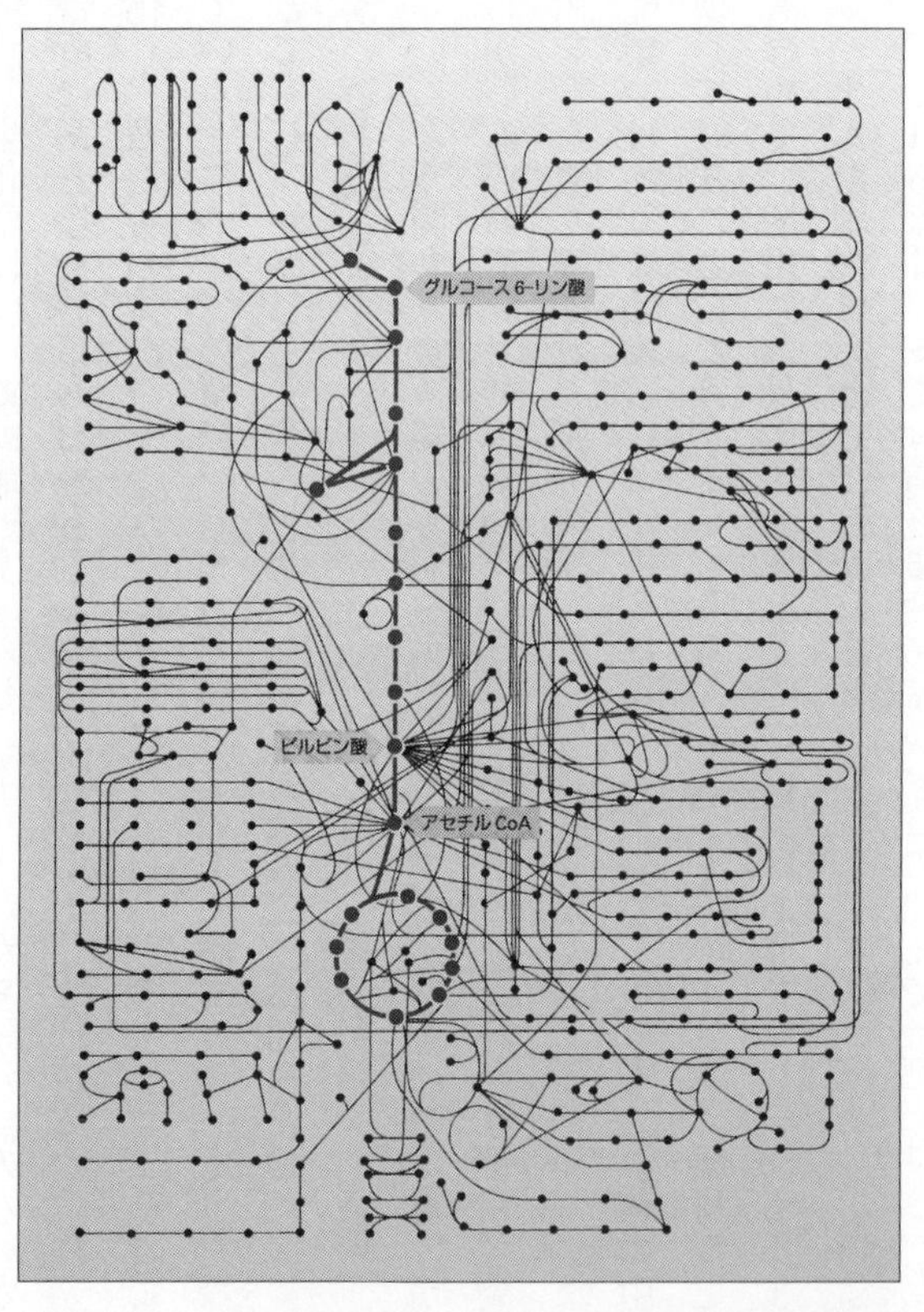

細胞内の500の代謝反応を示す。中央の濃い部分が食物分子を分解して、体をつくる成分や活動に必要なエネルギーを生み出す基本的な反応を示している。エネルギー生産に関する部分が円で、物質が循環しているのが印象的

ついこの間です）、畑の脇に肥溜め（糞尿を集めて溜めておき肥料にする）があり、子どもたちが落ちたりしていました。もうこれを覚えている人は少ないでしょうね。私は戦時中疎開（この言葉もなじみのない方がほとんどでしょう）しましたので、肥溜めを知っています。幸い落ちはしませんでしたが。ここにあるものは畑にまかれて、美味しい野菜になっていきました。もちろん、今これを復活させましょうなどと時代錯誤なことを言うつもりはありません。でも今やバイオテクノロジーと呼ばれる新しい技術があるのですから、それを生かしたコンポスト化（堆肥化）は是非進めたいことです。バイオトイレへの関心も今高まりつつあるようで、循環を生かす方向はこれから追求されていくはずです。

野菜屑を出さない生活

肥溜めに続けてで申し訳ありませんが、今の生活で身近な話はお台所の生ゴミです。そのほとんどは野菜屑ですね。時には賞味期限切れのハムも入っているかもしれないなと、年寄りは心配になります。期限切れさせないことが大事ですけれど、私もうっかりすることはよくあります。そんな時は自分の舌で確かめて、大丈夫となったら即、そこで使い方を考えます。印刷されている日付は、目安としては大事であり、ありがたいことです。でもこれを絶対視して、期限を少しでも過ぎていたらゴミにしてしまうのはちょっと違うのではないでしょうか。お弁当などは時刻が書いてありますから、コンビニやスーパーマーケットでは、それが過ぎるとあっという間にゴミにされてしまいます。さすがにこれは問題になり始めていますが、ゴミはあるのでなくゴミにするのだということを、肝に銘じたいものです。

前に書きましたように、家には落ち葉溜めがありますので、野菜屑などは必ずそこに入れます。水をたっぷり含んだ生ゴミを出すと、油を使って燃やされるのだと思うと恐くなる。これが生きもの研究を続ける中で「生命誌」という生き方につなげる知を創っている原点です。野菜をお料理する時に、屑をなるべく出さないようにするのも、ケチ(これもあります)だけでなく「生きものを大切に」という気持ちからです。

倍のサイズになったゴミ箱

今の家に三〇年ほど暮らしているのですが、最初の頃はゴミ回収日に出されるゴミ箱がどの家も我が家と同じ大きさでした。近くの「日曜大工の店」で売っているのがそれだったからです。ところが、今は皆さん倍ほどの大きさになっています。お店へ行くとほとんどがそのサイズです。三〇年も同じものを使っているのは我が家くらいなので、社会の動きとしてゴミ箱が大きくなっている、つまりゴミの量が増えているのでしょう。気になる動きです。

とはいえ、これだけ異常気象が続くと、暮らし方を変える必要があると考える方も少しずつ増えているようにも思えて期待しています。着るものも要らなくなって捨てたらゴミですけれど、この頃は年に二回ほど「不用品回収」の日があるので、それに合わせてクローゼットの整理をすることにしています。洋服は、着た時の思い出と共に自分の一部のようなところがあって手放しにくいものですが、着ないのは可哀想と思うことにしました。

三〇年も前のドイツで、街角にある黄色のきれいなドラム缶のようなものに気づき、何ですかと聞きましたら、古着を入れる容器と説明されたのを思い出します。いいなと思って、ある会合で日本でもできないかしらと提案してみましたら、「そんなものがあったらゴミ捨てにされて大変ですよ」と即却下でした。ドイツではできるのに日本ではできないのかなと少し悲しかったのは、かなり昔のことですから、今ならできるでしょうか。

ゴミの話はそれこそキリがありません。でも本来自然界はゴミがないように循環しているのに、人間が関わるとさまざまなものがゴミになるという事実は、いつも頭に置いておきたいことです。あまりにも大量に出しすぎて自然界では処理できない状態にしたり（二酸化炭素がそれです）、本来ゴミではないものをゴミにしたりしてしまうのは問題です。ここでも、「人間は生きものである」ことを忘れないようにしながら暮らしていきたいものです。

いのちは　のちのいのちへ
のちのちのいのちへと
かけられた願いのはたらきに
生かさるる

——緒方正人

恩師の研究の原点

緒方さんは熊本県の不知火(しらぬい)海で仕事をなさっている、知る人ぞ知るすばらしい漁師さんです。お父さんを水俣病で失い、御自身も小さい頃からお魚が大好きでしたから水俣病を免れることはできませんでした。

水俣病は「人間は生きものである」という私の考え方の原点と関係がありますので、

ちょっと遠まわりになりますが聞いて下さい。今から五〇年前の一九七一年に恩師である江上不二夫先生が三菱化成生命科学研究所を創られ、私はそこに呼んでいただきました。先生がこの研究所を創られたきっかけの一つに水俣病があったのです。この病気は化学合成品をつくる時に用いる有機水銀を化学工場が廃水として海に流したために起きました。人間にとって有毒な有機水銀も広い海に流せばそこにあるたくさんの水で薄まると考えたのですが、実は海には生きものがいました。そしてプランクトンに入った水銀はお魚に入り、さらにそれを食べる大きな魚に入り、最後に人間がそれを食べるという関わり合いの中で人間に戻ってきました。

このような小さな生きものから大きな生きものへと続いていく食べたり食べられたりの関係を食物連鎖と呼び、その頂点に人間がいます。そこで、海に流された有機水銀は人間に濃縮されてしまったのです。海は単に水のあるところではなく、生きものが生きていく場であるのに、そこに気づかなかったのは残念なことです。生物学者はこれに気づいて警告を出さなければいけなかったのに、現実にはそれは起きませんでした。

生きものの研究をするからには、そこまで考える人にならなければいけない。江上先生は、生きものの研究をする人間は自分自身が生きものであることを忘れた行動をとってはいけないという基本を教えて下さいました。

先生の教えを大切にして仕事をしましたが、水俣病について直接関わることはありませんでした。片手間でできるものではありませんから。

「顔」が見えない辛さ

二〇〇六年に突然お手紙が来ました。「水俣病が確認されてから五〇年に際して会を持つのだが、あなたが考えている『生命誌』が緒方正人さんの思いと重なるので、一緒に話をしてくれませんか」。このような内容でした。びっくりしました。私の方では重なりを感じ続けていましたが、そんな思いで生命誌を見て下さっているとは考えてもいませんでしたから。もちろんお話し合いに参加し、緒方さんのおっしゃることは私の思いとピタリと重なると感じました。初めてお会いしたとは思えませんでした。

緒方さんがニコニコしながら私に話しかけてくれる時は、穏やかで楽しい話し相手です。でもこれまでの体験を伺うとなんと厳しい時を過ごしていらしたのかと思います。

ちょっと硬い話になりますが、耳を傾けて下さい。

先にちょっと書きましたように、緒方さんが六歳の時に、漁師の網元だったお父さんが水俣病で悲惨な亡くなり方をなさいます。親父は有機水銀を流したチッソという会社に殺されたのだと恨んだのは当然です。緒方さん自身、お魚が大好きで毎日食べていましたから、水俣病の症状が出ます。この病気は申請をして国から認定を受けなければなりません。手続きをしているうちにどこにも「人の顔」が見えないことに気づくのです。責任を持つ人はどこにも見えず、責任はシステムにあることになっているのがとても辛かったと緒方さんは言います。わかりますね。ニュースで組織の偉い方が謝っている場面をよく見ますが、たまたまそのお役目にあたってしまったから頭を下げているとしか見えません。人間が見えないのはとても辛くて、それがわかった時には「狂ってしまった」と緒方さんが御自身で語ります。

人間として大変なことを起こしてしまったのだから、人間として考え、話し合いたいという素直な気持ちが通用しない世の中はおかしい。この気持ち、私も同じです。誰もが立場とか役職でなく、一人の人間として動くようになったらいいのにと思うことがよくあります。緒方さんのような人が今一番求められているのです。緒方さんは漁のために海に出た時、船の中で一人空を眺めながら考える時が好きだそうです。ユリカモメが舞い降りることもあるとか。辛い体験を思い出されることもあるでしょうけれど、大きな海と空の中の時間は羨ましくもあります。年齢を重ねる中でいいなと思うのは、暮らし方から学べる人に出会えることです。お近くにそういう方、いらっしゃいますよね。

不知火海に船を浮かべて

最初に書いた言葉は数年後にまたお会いした時に、私の手帳に書いて下さったものです。いのちは続いていくものです。私たちだけが生きて終わるのではなく、「のちのいのちへ」、さらには「のちのちのいのちへ」と続いていくものですし、私たちはそれを願っています。でも、海を汚したり、森を壊したり、温暖化ガスを出しすぎて異常気象を引き起こしたりしたら、「のちのいのち」は思いきり生きることができなくなってしまいます。次の世代のことを思う気持ちを持つなら、私たちはそこで生かされていることになり、また生かされていることに気づきながら毎日を送る人になるでしょう。緒方さんは水俣病に苦しみながら、この病気は私たち人間の生き方を問うていると気づき、本質を捉えるすごい人になったのです。「いいだろう。この言葉」。ニヤッとしながら書いて下さいました。不知火海は美しいところです。その海に船を浮かべて一人空を眺めていると本当に幸せだと聞いて、生きているってこういうことだなあと思い、正直羨ましくなりました。緒方さんは二〇人きょうだいの末っ子、過激派と言われながら真剣に水俣病と向き合ってきた人生から学ぶことの多い今年（二〇二二年）六十九歳です。緒方正人さんの言葉、すてきですよね。心の中から自ずと湧いてくる言葉をふと口にするとそれが魅力的なのは、自分を生きていらしたからです。まさに生きるってこういうことだと思います。

「偉い人って？」――石牟礼道子さんと患者に学ぶ

年をとると言うと、なんだか悪いことのように聞こえますけれど、それは生きているということです。一歳年をとるのは、一年生きること。前項で取り上げた緒方さんを弟のように思っていらしたのが、水俣病の問題点を指摘し続け『苦海浄土』というみごとな物語を紡がれた石牟礼道子さんです。『苦海浄土』は大部ですし、水俣病患者の立場で故郷の海を奪われたうえに病に苦しむ人々の話なので、ちょっととっつきにくいかもしれません。けれど、人間味があり、ゆっくりていねいに読むと自分の生き方が充実してくる本です。石牟礼さんはエッセイや詩などでも人間としてこの問題をどう捉えるかについて語っていらっしゃいますので、小さなものをお読みになるのもよいではないでしょうか。

たくさんの言葉の中から一つだけ引き出すのは難しいのですが、その底にあるものはこの気持ちです。

「患者さんたちが思っている偉い人というのは徳の高い人です。患者さんたちはそういう人に会いたかったんです」

水俣病の患者さんたちが、有機水銀を流した大きな会社チッソが自分たちに人間として向き合うことを求めて闘う中で、ある決断をします。社長さんに会おうと東京の本社へ行くのです。緒方正人さんがおっしゃったように、システムでなく人間の顔を見て人間として話をしたいという願いがみんなの中に生まれてきたことによる決心です。そこでこの言葉が出てきます。徳の高い人が偉い人である社会だといいですね。

そんな社会で皆が生き生き暮らせたら、年齢を重ねることも楽しくなると思います。現実はなかなかそうならないので、辛いところがありますけれど、偉い人は徳の高い人と思いながら暮らす仲間でいようとは思うのです。

この時のエピソードが石牟礼さんのエッセイに書かれており、笑いながら読みました。せっかく社長さんと話そうと東京まで来たのに会えないので、皆でハンストをやることになります。本社へ話をしようと出かけた漁師さんの一人が体が大きくて大食漢なのです。一日目は無事にすみ、二日目です。彼はもう「腹が減ってたまらん」と音をあげます。九州から東京までわざわざやってきての行動ですのに早すぎますね。しかも彼は出かけるにあたって必要な背広が、体が大きすぎてなかなか見つからず、皆で苦労してやっと借りたという人です。そんな彼に周りの人が不愉快になるかというと、とんでもない。「そうじゃろ、そうじゃろ。あんたは体が太かもんな。よか、よか、あんたはもうはずれて」。なんとよい仲間ではありませんか。こういう仲間と一緒なら年をとるのもよいと思います。ここは深刻な場面です。本社へ行く決心をするまでにどれほどの辛い体験があったことでしょう。本来は笑ってなどいられないところです。けれどもそこに人間っぽさとちょっと悲しみを含んだおかしさがある。この魅力が気持ちよい笑いを誘うのです。笑っても叱られないでしょう。共感してこその笑いですから。

残念ながら東京にいたのは偉い人らしくはあったのですが、徳の高い人ではなかったようです。こちらは一緒に年齢を重ねる仲間としてはちょっと……ですね。

人間は生きものであり、自然の一部

悩み始めた四十歳

　年齢を重ねていく中で出会ったさまざまな言葉、つまりさまざまな人との出会いからいろいろ学びながら過ごしてきました。その時その時、あまり落ち込まずに、やたらに頑張ることもなく、普通に暮らしてきました。

　運よくすてきな方に巡り会い、気持ちよい日々を過ごせたことをありがたく思っています。その中で一番のありがたさは、やはり一生の間、これは大事だと信じて考え続ける課題を見つけられたことだと思っています。それがこれまでも何回か触れてきた「生命誌」であり、一言で表すなら「人間は生きものであり、自然の一部」を基本姿勢にして生きようということです。最後は私自身のこの言葉に込めた思いを語りたいと思います。

これも何度も書いてきましたように、小学生の時に太平洋戦争の敗戦を体験し、皆が幸せになるのには豊かさが必要と考えた世代です。けれども物の豊かさだけを求めすぎて、自然という人間を育んでくれる存在を忘れてしまった社会にはなじめなくなりました。大学で学んだ生きものの研究も、なんだか生きものを機械のように見る方向に進み、困ったなあと悩み始めたのが四十歳くらいでした。小学生になった子どもたちがこれからどんな風に育って欲しいかを考えると、もう少しゆとりのある社会がいいなとも思うようになったのです。

五十三歳での気づき

科学や技術は大事だけれど、それを進歩させることだけがよい社会をつくるとは思えないという気持ちが強くなり、もっと一人一人の人間を大事にして欲しい、生きものの研究をそういう社会につなげたいと思い始めました。でも、どうしたらよいのかわかりません。いろいろな方の考え方を聞いたり、本を読んだり……長くなりますので途中ははしょって……あっそうだ、こういうことをやればいいんだとわかったのが、「人間は生きものだということを忘れない」というあたりまえの考え方でした。気づいた時には五十三歳になっていました。それを実際にやろうと考えて「生命誌研究館」を創り、実際に建物ができて「さあ新しいことをやるんだ」となったのは五十七歳。

当時はほとんどの会社の定年が六十歳でしたから、同級生の中には退職後の年金生活をどうしようかと考え始めている人もいた時です。そんな中で新しいことを始めようとしていたのですから、今思うととんでもない奴だったのかもしれません。しかもそれは、前例がなく具体的な進め方は手探りしていかなければならないことでした。でもその時は「人間は生きもの」という考え方はとても大事なのだという気持ちにかられて、前に進むことにいっしょうけんめいでしたから、年齢のことも考えていませんでしたし、失敗したらどうしようという迷いもまったくありませんでした。それからちょうど三十年、この仕事を始めた時とまったく同じ気持ちで日々を過ごしています。周りの人に支えられて。

年齢に合わせた生き方

夢中になることがある。年齢の問題への答えはこれではないでしょうか。新聞に「ぞうきん作りコンテスト」を続けている七十一歳の方が紹介されていました（『東京新聞』二〇二一年一二月二六日）。子どもの頃から手芸が好きで、三十歳から編み物教室を主宰し、中学校でも教えてきた方です。針と糸で縫ったことのない子どもが増えているのに気づき、古いタオルでつくったぞうきんのコンテストを始められたとのことです。楽しそう。たまたま目にした例ですが、小さなものをていねいにつくって大事に使う気持ちはとても大切です。

私の家の近くでは、庭づくりや手入れのボランティアとして活動していらっしゃる方が大活躍です。実は私の庭も時々見ていただき、本当に感謝しています。草木についての知識が豊富で、時には苗を持ってきて下さったり、生き生き暮らしていらっしゃいます。このような例はたくさんありますね。

私の場合、たまたま自分が一番大事と思うことを仕事にできたので幸せでした。二年前に職は引きましたが、自分のできる範囲で仕事を続けています。時間のゆとりができ、庭の手入れで体を動かし、読書やピアノを楽しんだりしながらの仕事ですので、気持ちにもゆとりができ、仕事一辺倒だった時とはまた違った幸せを感じています。年齢に合わせた生き方です。

新型コロナウイルス感染拡大のために外出ができなくなりましたから、三食を自分でつくって家族でいただく毎日が続いているのですが、これでとても健康に暮らせているように思います。仕事をしている時は食事に気をつけているつもりではいても食べる時間はその日によってずれていましたが、今は規則正しい生活です。コロナの流行は本当に困った事態ですけれど、すべて悪いことばかりでもないので、流行が収まった後も食事はなるべく規則正しくとるようにしようと思っています。

温暖化をめぐって

「人間は生きもので自然の一部」と考え続けてきた者として、このような日常の中で気になっていることを最後の最後に書かせて下さい。

新型コロナウイルスの感染拡大と異常気象による災害で落ち着かない日々が続き、これからの生活はどうなるのだろうと不安です。それは家族など身近な人たちのことでもありますが、地域に暮らす人々、さらには社会全体まで気になります。政治家でも大企業の責任者でもない普通のおばあさんがそんなこと気にしなくていいよ、したってしょうがないよと言われそうですが、これからのことを考えると、このままで人間は続いていけるかなと心配になるのです。

人間は生きものということは、八一ページの「生命誌絵巻」に描いたように、地球を美しい星にしている海や森を大切に思いながら他の生きものとも一緒に暮らすということです。今の私たちは便利を求め続けて、エネルギーを大量に使いすぎています。そのために二酸化炭素が増えすぎて温暖化が進み、異常気象が続いていることは皆が認めるようになりました。そこで国連を中心にして世界中の国が二酸化炭素を出さないようにしようという約束事をする会議を開きました。

石炭や石油を燃やすと二酸化炭素が出ます。電力をつくったり自動車を走らせたりするには石炭や石油が必要ですから、生活が便利になるにつれて二酸化炭素の排出量は増えました。世界の人口は増えていますし、多くの国が便利さを求めて電化製品や自動車やコンピュータなどを使うようになってきましたから、ますます二酸化炭素の排出は増えそうです。このままでは異常気象は続くでしょうし、極地の氷は溶け始めています。このまま進むと海水面が上昇し、海抜が低いところは沈んでしまいかねません。海に囲まれている日本にとって決して他人事ではありません。

そこまでは行かないとしても、このままではいけないと日本政府は二〇五〇年には二酸化炭素を出さない社会にすると決心しました。世界中の国がそれぞれにその方向を示す政策を出しています。そのために二〇三〇年には二〇一三年に出していた量の四六％を減らすという目標を立てたのです。私たちの暮らし方を大きく変えなければそんなことはできません。

技術よりも大切なこと

ここでどうしたらよいか。私は「人間は生きものであり、自然の一部」という考え方をすれば暮らし方を変え、二酸化炭素の排出を抑えることができるはずと、秘かに思っています。

私たち生きものは炭素の化合物でできています。ＤＮＡ（遺伝子）もタンパク質も糖も脂肪もすべて炭素の化合物です。それが体の中で筋肉や脂肪としてはたらきます。炭素化合物は私たちの体を動かすエネルギーの素にもなります。体の中でエネルギーを出す時は呼吸で吸い込んだ酸素が役割を果たしますが、その時に炭素と酸素が結合して二酸化炭素になり吐く息として外へ出ていきます。一七四ページの図の●はすべて炭素の化合物です。

二酸化炭素排出をゼロにするという目標を立てはしましたが、実は私たちが生きていると二酸化炭素が外へ出ているのですから困ります。本当にゼロにしようとするなら私たちが呼吸をしてはいけない、つまり生きていてはいけないということになります。

そんなバカな、ですよね。私たちが幸せに生きることがまずあって、そのためにさまざまなものづくりをするはずなのに、炭素から考えているうちに話は逆になってしまいました。生きものとして上手に生きる道を探るほかありません。

実は炭素化合物は植物が光合成でつくってくれるものであり、私たちはそれを利用して生きていくのが基本です。小さなことですが、台所ゴミは土に返すというのはこの生き方です。ところが私たちはそれをしなくなりました。自然界での物やエネルギーの循環から大きくはずれた生活を始めました。細かいことを書く余裕はありませんが、ビルを建て、自動車に乗り、コンピュータを使う生活は、他の動物とは違う文化・文明を持つ人間の生き方です。人間らしさと言えるでしょう。それを否定することはありません。でも自然の循環の中で生きてこその生きものだということを忘れて、緑を大切にせずに高層ビルを建て、すべて人工の世界で生きていけると考えるのは傲慢に過ぎるのではないでしょうか。山と森があり、そこから流れ出す川が海につながっていく中で生きているのであり、山・森・川・海などに支えられていることを忘れずに生きれば、異常気象にはならないはずです。

ゴミ処理は人まかせにし、スーパーマーケットの買い物は自動車ですませるのは楽ですけれど、その陰でたくさんのエネルギーが消費されています。できるだけ一手間かけたり、自分の脚を使ったりして、自然の中の生きものであるという感覚をいつも忘れずにいる暮らしを基本に、社会を組み立てていくことはできないものでしょうか。

子どもたちが原っぱで駆け回っている暮らしはどうでしょう。どうも今、脱炭素とおっしゃっている方は、自然との関係には目を向けず、すべてを新しい技術で解決しようとしているように見えます。もちろん技術も大事ですが、皆が少し優しい気持ちになることが今一番大事なのではないかと思っています。そうすると私たちの体の中でも自然界でも、たくさんの炭素化合物が循環をして、二酸化炭素だけが増えることはなくなります。優しいという字は人を憂うると書きますね。自分のことだけでなく人のことを心配し、大切にする気持ちを持てば、地球は暮らしやすい星になります。それは子どもの時代、孫の時代にまでつながります。

おわりに

さまざまな言葉を入り口に、年齢を重ねていく中であまり落ち込まず、そうかと言ってやたら頑張るのでもなく、普通に暮らしていきたいという気持ちを書いてきました。ふと浮かぶ言葉を書いたのですが、心の奥にいつもある言葉が自然に浮かび上がってきたのだと思います。

書き終わってすべての言葉を読み直すと、私の日常にある二つの面が見えているなと思います。まず、まさに毎日の暮らし方です。そこには自分でもちょっと思いがけないことに、フーテンの寅さんや『北の国から』の五郎さんのような、地位やお金を求めて懸命に働くという今の世の中ではよしとされる生き方をしてはいない人が登場しています。自分で書いておきながら〝思いがけないことに〟はないでしょうと言われるかもしれませんが。私はどちらかと言えば小さい頃から大人の言うことをよく聞くよい子でしたし、まあ今もそれは続いているように思います。ただ、そんな私のどこかに寅さんや五郎さんのような自由さは決して悪いことではないと思う気持ちがあるのを自分で感じています。憧れているとも言えます。思い切って羽目をはずしたりはできないのですが、社会の流れをそのまま呑み込むのは苦手です。そんな気持ちに素直になって書いたら寅さん登場となった次第です。

私自身のこれからは、それほど長いはずがありません。いつ病気になるかしら、どこかでパタリと倒れることがあるかもしれない、と思うことがないわけではありませんが、根がのんびり屋なので日々をていねいに生きるしかないと割り切っています。

新型コロナウイルスの感染拡大で生活がガラリと変わりましたが、その第一が三食を規則正しく食べることです。食は大切で生活の基本と頭ではわかっていながら、実際には朝食は大急ぎでパンを囓(かじ)り、お昼は勤め先の食堂でした。夕食は自分でつくっていましたが、日によって帰宅時間がずれますから遅くなることもしばしばでした。それがこの二年は家族全員（と言っても三人ですが）、家で過ごすことになり、規則正しい食生活になりました。毎日、「えっ、もうお昼」と十二時の来るのが早いのに驚きながらも、おそばやサンドイッチなどをつくって食べ、夕食はきまって七時にと決めましたら、健康診断の結果がとてもよくなりました。若い方たちはコロナウイルスの影響で会社や学校に行けず、仲間やお友達とも会えない大変な毎日を過ごすのは我慢できなかったでしょう。もちろん年寄りも人に会えないのは同じで、とくに病院や施設に入っていらっしゃる方は面会もできない毎日はお辛かったと思います。私もどこへも出かけず、家族以外はどなたともお会いしない日々でしたが、幸い病気もなかったこともあり、年寄りとして大人しく暮らす日々も悪くないと思いながら過ごしました。悪いことばかりというものもなければ、よいことだけというものもない。長く生きてきてわかったことの一つです。

二つ目は書いているうちにその輪郭がぐんぐん明らかになってきました。今一番願うのはやはり少し先の時代、孫の世代が幸せに暮らせる社会がイメージできることだと思っているのだということがはっきりしてきました。あまり先のことはわかりませんので孫くらいかなと思うのです。そのために今の社会がどうあって欲しいか、そんなことを考えながら本音を語っている言葉、すてきな生き方をしている方の言葉を拾っていきました。

暮らしやすい社会にするには、やはり生きものというところに目を向けなければいけないというのが私の思いであることはずっと変わっていません。いのちを大切にと言えばわかりやすいのに、それでは言葉だけになってしまいそうで、生きものという実体で語りたいのです。悪い癖かもしれません。ものわかりがよさそうな顔をしながら頑固なのかなと苦笑いするほかありません。

うまく気持ちが伝わったかどうか。私は伝え方があまり上手ではないので心配ですが、年齢を重ねながら地道に生きようとし、社会のこと、未来のことも少しずつ考えている一人の仲間の思いとして受け止めていただければ幸いです。

思いを綴った原稿をていねいに読み、適切な感想、時には楽しく読みましたという励ましを下さった黒田剛史さんのおかげで、日常の気持ちをそのまま書き進めることができました。心からのお礼を申し上げます。

一日経てばまた年をとります。でもあまり気にせずに、今できることを楽しもうと思っています。

中村桂子

ラクレとは…la clef=フランス語で「鍵」の意味です。
情報が氾濫するいま、時代を読み解き指針を示す
「知識の鍵」を提供します。

中公新書ラクレ
759

老い(おい)を愛(め)づる

生命誌(せいめいし)からのメッセージ

2022年 3 月10日 初版
2022年12月25日 5 版

著者……中村桂子(なかむらけいこ)

発行者……安部順一
発行所……中央公論新社
〒100-8152 東京都千代田区大手町 1-7-1
電話……販売 03-5299-1730　編集 03-5299-1870
URL https://www.chuko.co.jp/

本文印刷……三晃印刷
カバー印刷……大熊整美堂
製本……小泉製本

Published by CHUOKORON-SHINSHA, INC.
Printed in Japan　ISBN978-4-12-150759-4　C1236

中公新書ラクレ　好評既刊

L363 困った時のアドラー心理学

岸見一郎 著

フロイトやユングと同時代を生き、ウィーン精神分析学会の中核メンバーとして活躍しながら、やがてフロイトと袂を分かったアドラー。その心理学は「個人心理学」とも呼ばれています。本書はアドラーの考えをもとに、カウンセリングを重ねてきた著者が、現代人の悩みにズバリ答える本。自分自身のこと、友人との関係、職場の人間関係、恋愛、夫婦や親子関係……。その様々な具体的シーンで、解決の手引きとなるアドラーの考えを紹介します。

L551 ちっちゃな科学
――好奇心がおおきくなる読書&教育論

かこさとし＋福岡伸一 著

子どもが理科離れしている最大の理由は「大人が理科離れしている」からだ。ほんのちょっとの好奇心があれば、都会の中にも「小自然」が見つかるはず――90歳の人気絵本作家と、生命を探究する福岡ハカセが「真の賢さ」を考察する。おすすめの科学絵本の自薦・他薦ブックガイドや里山の魅力紹介など、子どもを伸ばすヒントが満載。ＮＨＫで放送され、話題を呼んだ番組「好奇心は無限大」の対談を収録。

L585 孤独のすすめ
――人生後半の生き方

五木寛之 著

「人生後半」を生きる知恵とは、パワフルな生活をめざすのではなく、減速して生きること。「前向きに」の呪縛を捨て、無理な加速をするのではなく、精神活動は高めながらもスピードを制御する。「人生のシフトダウン＝減速」こそが、本来の老後なのです。そして、老いとともに訪れる「孤独」を恐れず、自分だけの貴重な時間をたのしむ知恵を持てるならば、「人生後半」はより豊かに、成熟した日々となります。話題のベストセラー!!

L598

世代の痛み
――団塊ジュニアから団塊への質問状

上野千鶴子＋雨宮処凛 著

親子が共倒れしないために――。高度経済成長とともに年を重ねた「団塊世代」。就職氷河期のため安定した雇用に恵まれなかった「団塊ジュニア」。二つの世代間の親子関係に今、想定外の未婚・長寿・介護などの家族リスクが襲いかかっている。両世代を代表する論客の二人が、私たちを取り巻く社会・経済的な現実や、見過ごされてきた「痛み」とその対策について論じ合った。この時代を心豊かに生き抜くためのヒントが満載。

L616

読む力
――現代の羅針盤となる150冊

松岡正剛＋佐藤　優 著

「実は、高校は文芸部でした」という佐藤氏の打ち明け話にはじまり、二人を本の世界に誘ったセンセイたちのことを語りあいつつ、日本の論壇空間をメッタ斬り。既存の価値観がすべて潰えた混沌の時代に、助けになるのは「読む力」だと指摘する。サルトル、デリダ、南原繁、矢内原忠雄、石原莞爾、山本七平、島耕作まで?!　混迷深まるこんな時代だからこそ、読むべきこの130年間の150冊を提示する。これが、現代を生き抜くための羅針盤だ。

L619

サラブレッドに「心」はあるか

楠瀬　良 著

「今日は走りたくないなあ」「絶好調！　誰にも負ける気がしない」など、レース前に馬が何を考えているかがわかったら――と思っている競馬ファンは多いことでしょう。残念ながら馬は人間の言葉を話してはくれませんが、その心理と行動に関する研究は日々進歩しています。本書では、日本一の馬博士がその成果を余すところなく紹介、「馬は何を考えているか」という難問に迫ります。さて、サラブレッドは勝ちたいと思って走っているのでしょうか？

L624

日本の美徳

瀬戸内寂聴＋ドナルド・キーン 著

ニューヨークの古書店で『源氏物語』に魅了されて以来、日本の文化を追究しているキーンさん。法話や執筆によって日本を鼓舞しつづけている瀬戸内さん。日本の美や文学に造詣の深い二人が、今こそ「日本の心」について熱く語り合う。文豪たちとの貴重な思い出、戦争や震災後の日本への思い、そして、時代の中で変わっていく言葉、変わらない心……。ともに96歳、いつまでも夢と希望を忘れない偉人たちからのメッセージがつまった対談集。